1.1 Flächeninhalt eines Dreiecks

3

1. a)

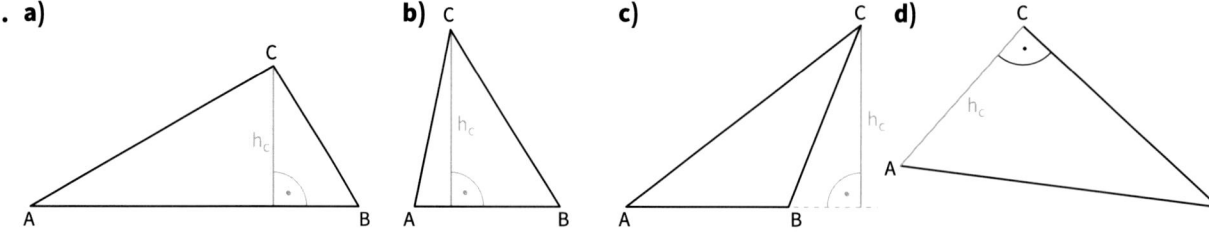

	a)	**b)**	**c)**	**d)**
Grundseite	$|\overline{AB}| = 4{,}5\,cm$	$|\overline{AB}| = 2\,cm$	$|\overline{AB}| = 2{,}2\,cm$	$|\overline{AC}| = 2{,}5\,cm$
Höhe	$h_c \approx 1{,}8\,cm$	$h_c \approx 2{,}3\,cm$	$h_c \approx 2{,}4\,cm$	$h_b = |\overline{BC}| = 3{,}6\,cm$
Flächeninhalt	$A \approx 4{,}05\,cm^2$	$A \approx 2{,}3\,cm^2$	$A \approx 2{,}64\,cm^2$	$A \approx 4{,}5\,cm^2$
Umfang	$U = 10{,}5\,cm$	$U = 7{,}2\,cm$	$U = 8{,}8\,cm$	$U = 10{,}5\,cm$

2. (1) und (9); (2), (7) und (10), (5) und (6) sowie (4) und (8) haben jeweils den gleichen Flächeninhalt

3. Beispiele:

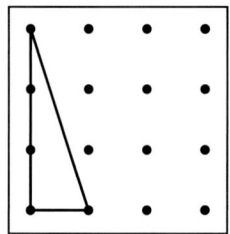 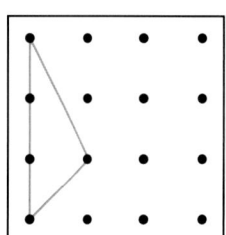 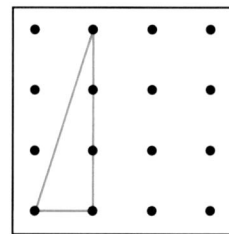 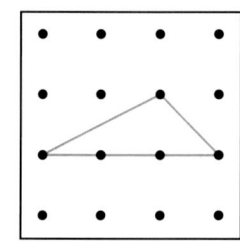 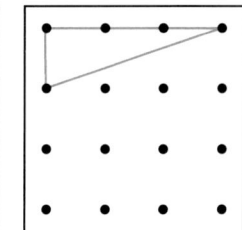

4

4. Flächeninhalt des gezeichneten Dreiecks: $A = \frac{1}{2} \cdot 3\,cm \cdot 2\,cm = 3\,cm^2$.

Beispiele für Dreiecke mit dem Flächeninhalt $1{,}5\,cm^2$:
g = 3 cm; h = 1 cm oder g = 2 cm ; h = 1,5 cm

5.

	a)	**b)**	**c)**	**d)**	**e)**
Grundseite	10 cm	8 cm	2 dm	8 dm	50 dm
Höhe	4 cm	5 cm	5 dm	25 cm	4 dm
Flächeninhalt	$20\,cm^2$	$20\,cm^2$	$5\,dm^2$	$10\,dm^2$	$1\,m^2$

6. a) Das Bild ist eine Raute, die in weitere Dreiecke unterteilt ist. Jeweils zwei der Dreiecke der oberen und unteren Rautenhälfte sind gleich.
b) Von unten nach oben: $A_1 = A_2 = A_3 = A_4 = 4{,}5\,cm^2$
Man stellt fest, dass alle Dreiecke den gleichen Flächeninhalt haben.

1.2 Flächeninhalt eines Parallelogramms

7. Bezeichnungen der ausgeschnittenen Teile (hier verkleinert):

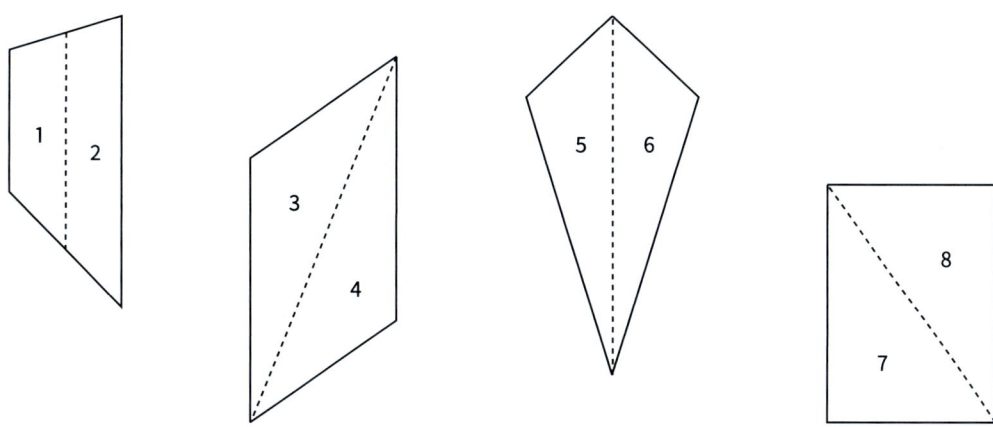

Zusammengesetzte Figuren (hier verkleinert). Einige Figuren muss man umklappen.

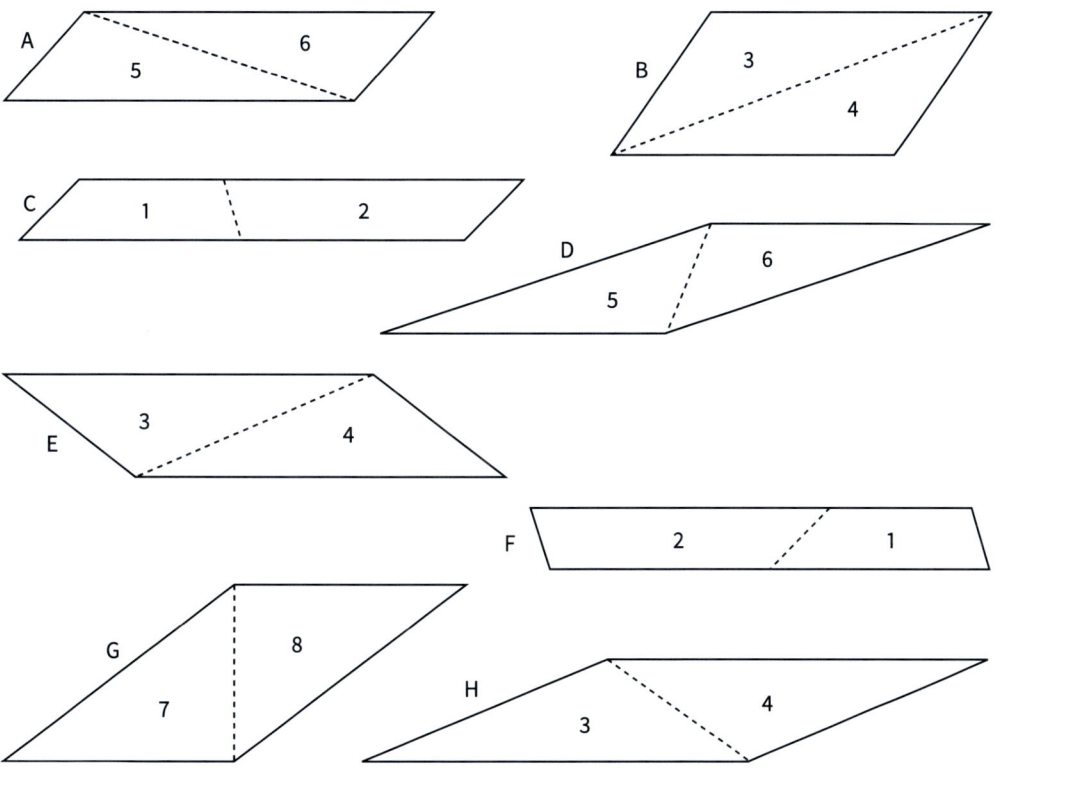

8. a)   **b)**   **c)**   **d)**

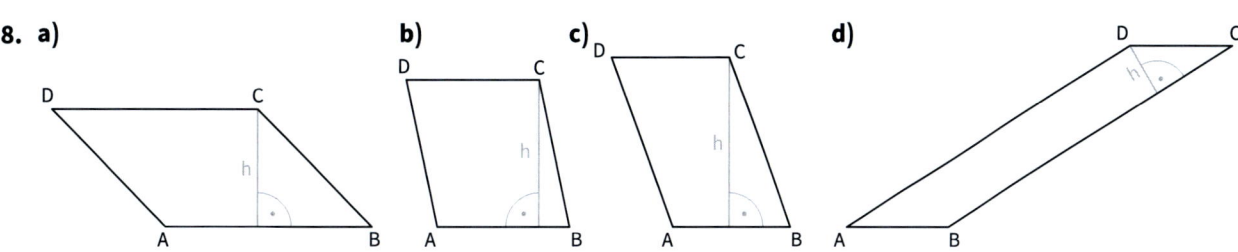

	a)	**b)**	**c)**	**d)**
Grundseite	$|\overline{AB}| = 2{,}8\,cm$	$|\overline{AB}| = 1{,}8\,cm$	$|\overline{AB}| = 1{,}6\,cm$	$|\overline{BC}| = 4{,}6\,cm$
Höhe	$h = 1{,}5\,cm$	$h = 1{,}9\,cm$	$h = 2{,}3\,cm$	$h = 0{,}8\,cm$
Flächenhalt	$A = 4{,}2\,cm^2$	$A = 3{,}42\,cm^2$	$A = 3{,}68\,cm^2$	$A = 3{,}68\,cm$
Umfang	$U = 10{,}2\,cm$	$U = 7{,}6\,cm$	$U = 8\,cm$	$U = 12\,cm$

6

9. Flächeninhalte:
1. Figur oben: $A = 2\,cm \cdot 1,5\,cm = 3\,cm^2$ 1. Figur unten: $A = 2,5\,cm \cdot 1\,cm = 2,5\,cm^2$
2. Figur oben: $A = 1,5\,cm \cdot 2\,cm = 3\,cm^2$ 3. Figur oben: $A = 1\,cm \cdot 2,5\,cm = 2,5\,cm^2$
2. Figur unten: $A = 2\,cm \cdot 1,5\,cm = 3\,cm^2$ 4. Figur oben: $A = 3\,cm \cdot 1\,cm = 3\,cm^2$
5. Figur oben: $A = 1\,cm \cdot 3\,cm = 3\,cm^2$ 6. Figur oben: $A = 2,5\,cm \cdot 1\,cm = 2,5\,cm^2$

10.–

7

11.

	a)	b)	c)	d)
Seite a	3 cm	6 cm	5 cm	2 m
Seite b	5 cm	0,16 m	5 cm	$\frac{1}{2}$ m
Höhe h_a	4 cm	1 dm	5 cm	$\frac{1}{4}$ m
Umfang	16 cm	44 cm	20 cm	5 m
Flächeninhalt	12 cm²	60 cm²	25 cm²	$\frac{1}{2}$ m²

1.3 Flächeninhalt eines Trapezes

12. a) 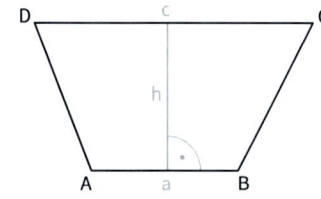 b) 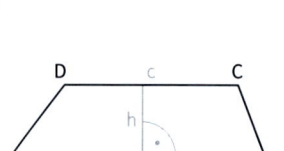 c) 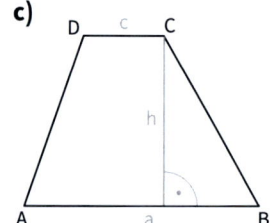 d)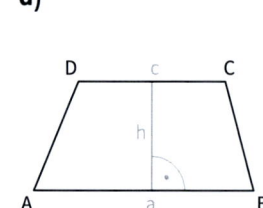

	a)	b)	c)	d)
Höhe h	2 cm	0,9 cm	2,3 cm	1,4 cm
Seitenlänge a	2 cm	3,5 cm	3,2 cm	3 cm
Seitenlänge c	3,8 cm	2,4 cm	1,1 cm	2 cm
Flächeninhalt	5,8 cm	2,655 cm²	4,945 cm²	3,4 cm
Umfang	10,1 cm	8,1 cm	10,5 cm	8 cm

13. 1. Figur: $a = 1\,cm; c = 3\,cm$ 2. Figur: $a = 1,5\,cm; c = 2,5\,cm$
3. Figur: $a = 2\,cm; c = 2\,cm$
Flächeninhalt der Trapeze: $A = \frac{4\,cm}{2} \cdot 1,5\,cm = 3\,cm^2$

8

14. 1. Reihe: $A_P = 6\,cm \cdot 2\,cm = 12\,cm^2$; $A_D = \frac{1}{2} \cdot 10\,cm \cdot 4\,cm = 20\,cm^2$;

$A_T = \frac{13\,cm + 7\,cm}{2} \cdot 2\,cm = 20\,cm^2$

2. Reihe: $A_D = 12 \cdot 8\,cm \cdot 3\,cm = 12\,cm^2$; $A_P = 3\,cm \cdot 4\,cm = 12\,cm^2$;

$A_P = 2,5\,cm \cdot 8\,cm = 20\,cm^2$

3. Reihe: $A_T = \frac{2\,cm + 8\,cm}{2} \cdot 4\,cm = 20\,cm^2$; $A_D = \frac{1}{2} \cdot 5\,cm \cdot 8\,cm = 20\,cm^2$;

$A_T = \frac{5\,cm + 7\,cm}{2} \cdot 2\,cm = 12\,cm^2$

1.4 Flächeninhalt beliebiger Vielecke

15.

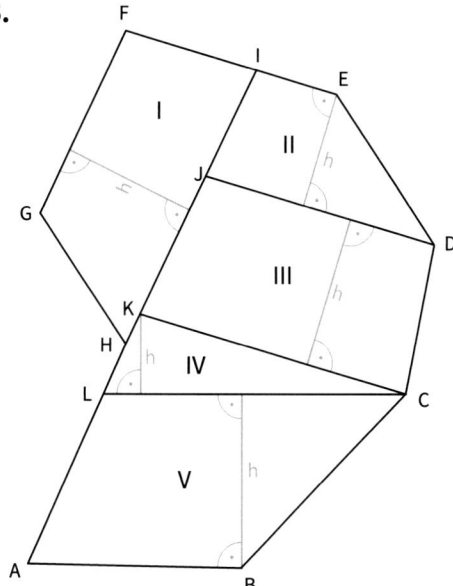

I: $|HI| = 4\,cm$, $|FG| = 2{,}7\,cm$, $h = 1{,}8\,cm$, $A_I = 6{,}03\,cm^2$

II: $|DJ| = 3{,}3\,cm$, $|EI| = 1{,}3\,cm$, $h = 1{,}5\,cm$, $A_{II} = 3{,}45\,cm^2$

III: $|CK| = 3{,}8\,cm$, $h = 2\,cm$, $A_{III} = 7{,}1\,cm^2$

IV: $h = 1{,}1\,cm$, $A_{IV} = 2{,}09\,cm^2$

V: $|CL| = 4{,}1\,cm$, $|AB| = 3\,cm$, $h = 2{,}4\,cm$, $A_V = 8{,}52\,cm^2$

$A_{gesamt} = A_I + A_{II} + A_{III} + A_{IV} + A_V = 27{,}19\,cm^2$

1.5 Netz und Oberflächeninhalt eines Prismas

16.a)

Name	Quader	Pyramide	Zylinder	Kegel	Würfel	Kugel	Prisma
Körper	1, 5, 7, 8, 13, 14	2, 11	10, 17, 18	6, 16	19	20	3, 4, 9, 12, 15

b)

Körper	Anzahl der Flächen	Anzahl der Ecken	Anzahl der Kanten
2	4	4	6
5	6	8	12
12	5	6	9
18	3	0	2

c) Die Körper 3, 9, 12 und 15 haben neun Kanten. Körper mit 5 Kanten gibt es nicht.

17.a)

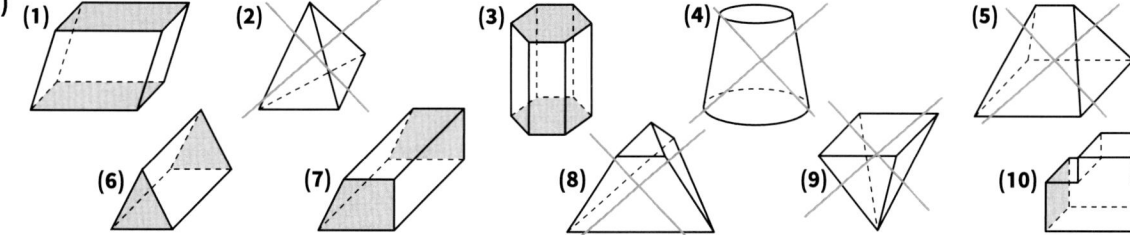

b) **(1)** Wahr, nach der Definition von Prismen.
(2) Falsch. Ein Prisma mit 6eckiger Grundfläche hat 6 Begrenzungsflächen, denn jede der 6 Kanten ist Kante einer Begrenzungsfläche.
(3) Falsch. Ein Gegenbeispiel ist Prisma (6).
(4) Falsch. Die Umkehrung gilt: 8 Ecken, 12 Kanten
(5) Falsch. Ein Gegenbeispiel ist Prisma (6).
(6) Falsch. Ein Gegenbeispiel ist Prisma (6).
(7) Wahr.
(8) Wahr.

50

18. a)

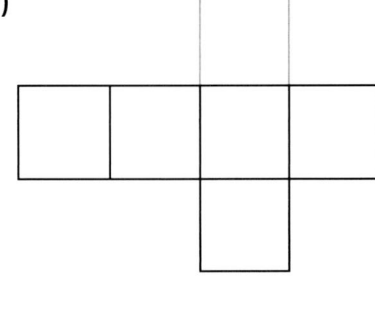

b)

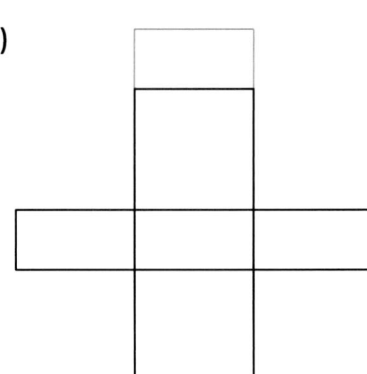

c)

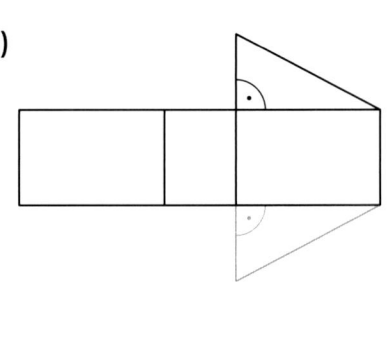

d)

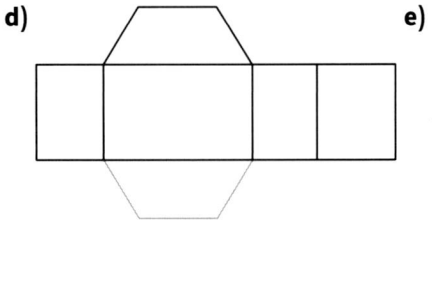

e)

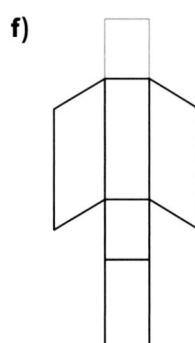

f)

19.(1)

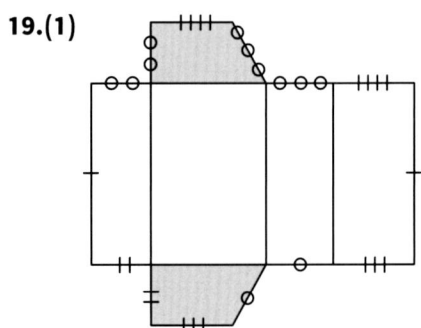

(2)

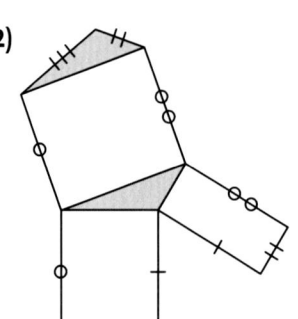

(3)

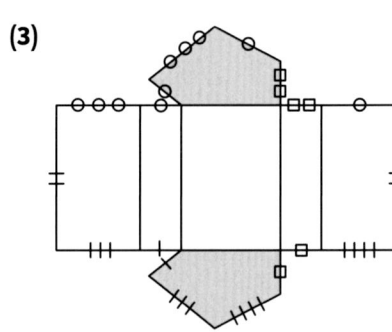

20.

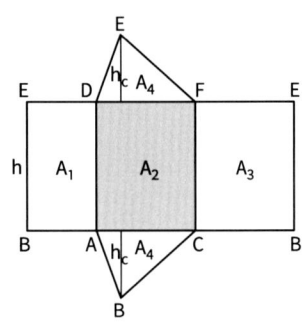

$\overline{AB} = a$ $\overline{BC} = b$ $\overline{AC} = c$

Bezeichnung der Seitenfläche	Formel des Flächeninhalts	Berechnung des Flächeninhalts
ABED	$A_1 = a \cdot h$	$A_1 = 1{,}1\,cm \cdot 2\,cm = 2{,}2\,cm^2$
ACFD	$A_2 = c \cdot h$	$A_2 = 1{,}6\,cm \cdot 2\,cm = 3{,}2\,cm^2$
CBEF	$A_3 = b \cdot h$	$A_3 = 1{,}6\,cm \cdot 2\,cm = 3{,}2\,cm^2$
ABC = DEF	$A_4 = \dfrac{c \cdot h_c}{2}$	$A_4 = 1{,}6\,cm \cdot 1\,cm = 1{,}6\,cm^2$
gesamter Oberflächeninhalt	$A_O = A_1 + A_2 + A_3 + A_4$	$A_O = 11{,}8\,cm^2$

1.6 Schrägbild eines Prismas

1 **21.a)** a = 3 cm; b = 2 cm; c = 3 cm   **b)** a = b = 4 cm; c = 2,5 cm   **c)** a = 3,5 cm; b = 3 cm; c = 1,5 cm

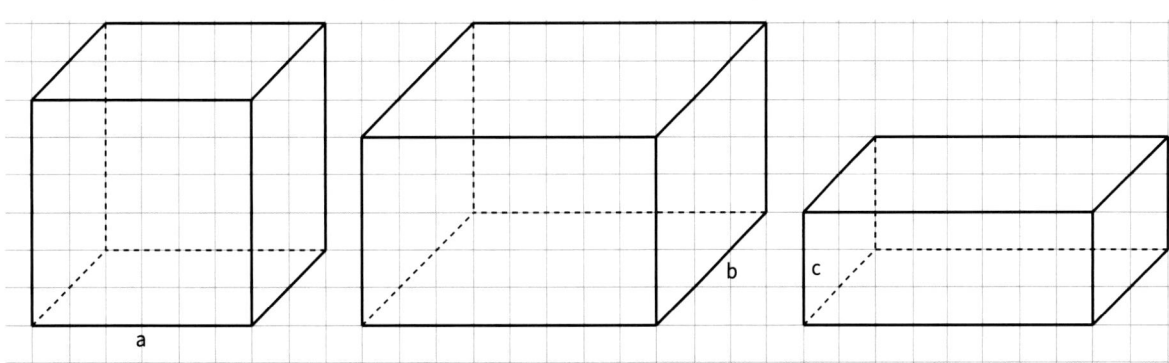

22.a)

Konstruktions-beschreibung	Die Grundfläche ist ein gleichschenkliges Dreieck.	Die Grundseite g bleibt .... gleich .... Die Höhe h_g wird .... 45° .... geneigt und ... mit dem Faktor 2 . gestaucht .... .
Zeichnung	**(1)** h_a 90° g	**(2)** h_g 45° g
Konstruktions-beschreibung	In alle Eckpunkte der Grundfläche wird die Höhe h des Prismas senkrecht eingezeichnet. (h = 2 cm)	Verbinde die Endpunkte der Körper-höhe. Nicht sichtbare Körperkanten .... werden gestrichelt ....
Zeichnung	**(3)**	**(4)**

b)

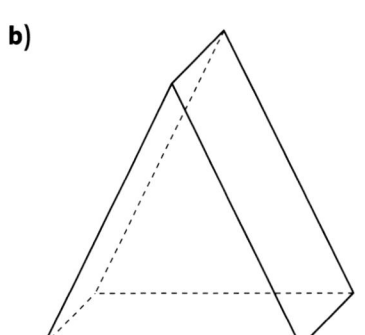

12   **23.**

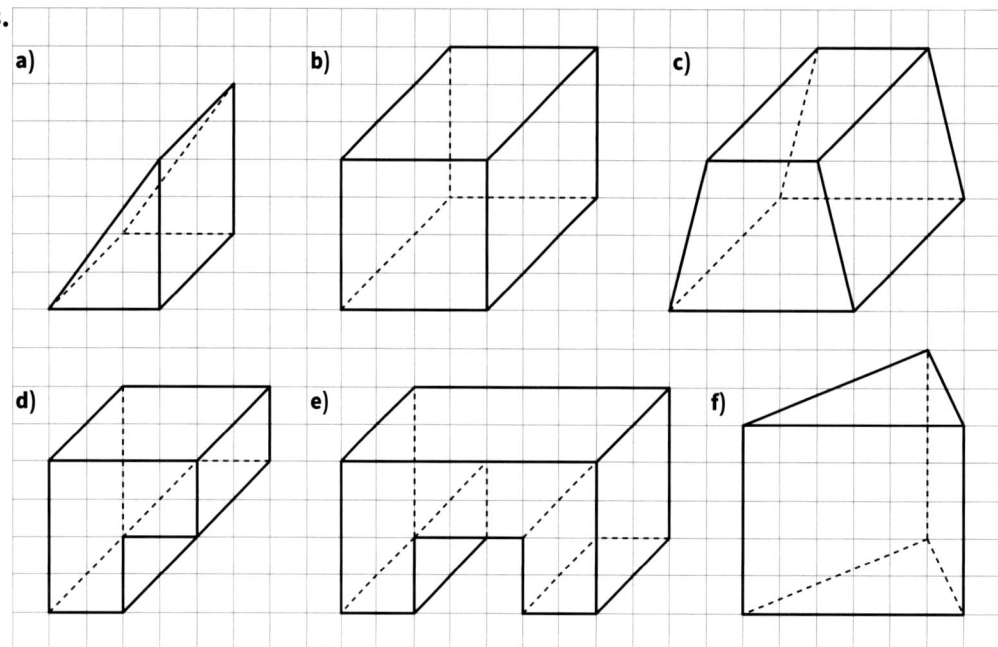

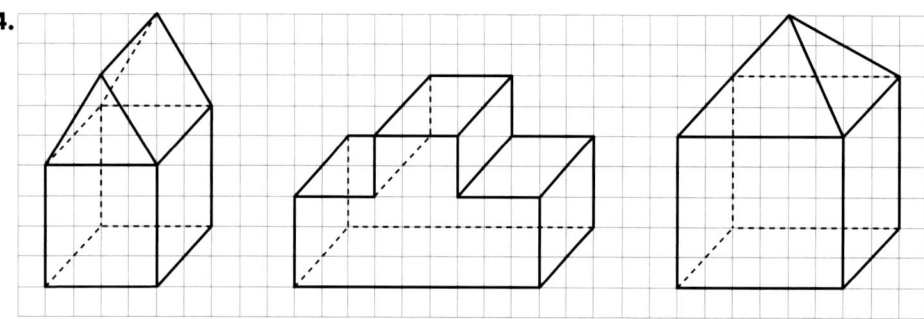

24.

25.a)

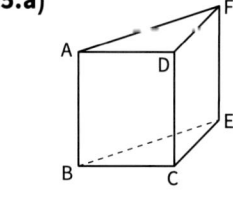

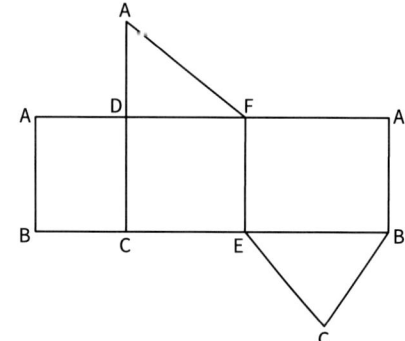

b)

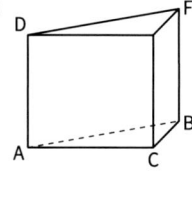

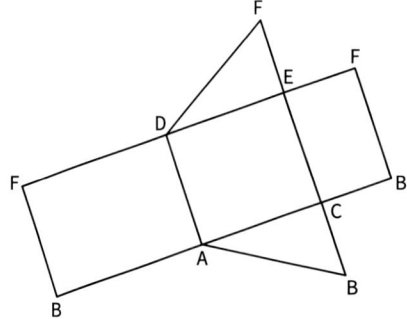

1.7　Volumen eines Prismas

3　**26.a)** $V = 60\,cm^3$, $A_O = 94\,cm^2$　　　**b)** Es gibt mehrere Lösungen.

　b) $V = 8\,cm^3$, $A_O = 40\,cm^2$　　　　　　**(1)** $a = 4\,cm$, $b = 6\,cm$, $c = 18\,cm$

　c) $V = 2{,}975\,m^3$, $A_O = 17{,}1\,m^2$　　　　**(2)** $a = 2\,cm$, $b = 4\,cm$, $c = 8\,cm$

　d) $b = 0{,}50\,m$, $A_O = 17\,m^2$

　e) $b = 1{,}5\,dm$, $A_O = 76\,dm^2$

27.

Seite a	Seite b	Höhe h_a	Höhe h_p	$A_{Grundfläche}$	$u_{Grundfläche}$	$A_{Mantelfläche}$	$A_{Oberfläche}$	V_{Prisma}
5 cm	2,5 cm	2,5 cm	5 cm	12,5 cm²	15 cm	75 cm²	100 cm²	62,5 cm³
1,5 dm	8 cm	4 cm	0,06 m	60 cm²	46 cm	276 cm²	396 cm²	360 cm³
4,4 cm	2,6 cm	2,5 cm	7,5 cm	11 cm²	14 cm	105 cm²	127 cm²	82,5 cm³

28.

$V = \frac{a \cdot a}{2} \cdot h_p$	$V = a \cdot b \cdot h_p$	$V = a \cdot h_a \cdot h_p$	$V = \frac{a \cdot h_a}{2} \cdot h_p$	$V = 4 \cdot a \cdot h_a \cdot h_p$	$V = \frac{a+c}{2} \cdot h_a \cdot h_p$

29. $V = \left(4\,cm \cdot 2\,cm + \dfrac{4\,cm + 2\,cm}{2} \cdot 1{,}75\,cm\right) \cdot 6\,cm = 79{,}5\,cm^3$

$O = 2 \cdot 4\,cm \cdot 2\,cm + 2 \cdot \dfrac{4\,cm + 2\,cm}{2} \cdot 1{,}75\,cm$

$\quad + (4\,cm + 2\,cm + 2\,cm + 2\,cm + 2\,cm + 2\,cm) \cdot 6\,cm$

$\quad = 110{,}5\,cm^2$

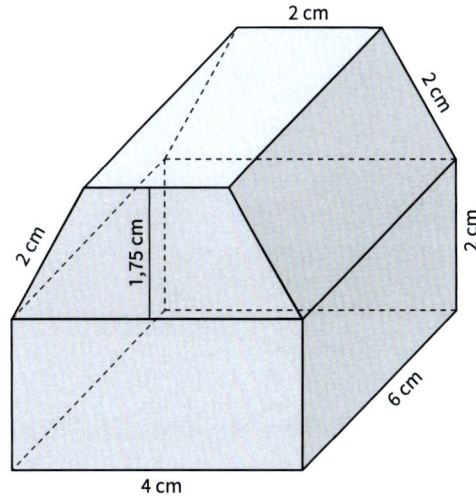

4　**30.a)/b)**

(1)　　　　　　　　　　**(2)**　　　　　　　　　　**(3)**

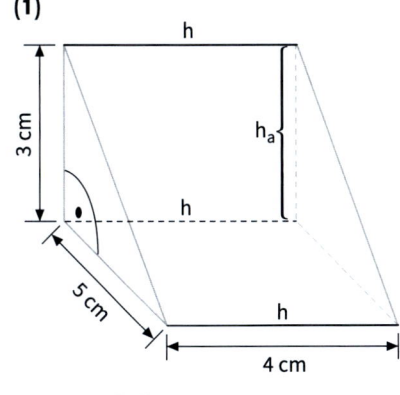
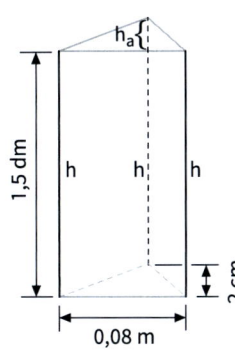
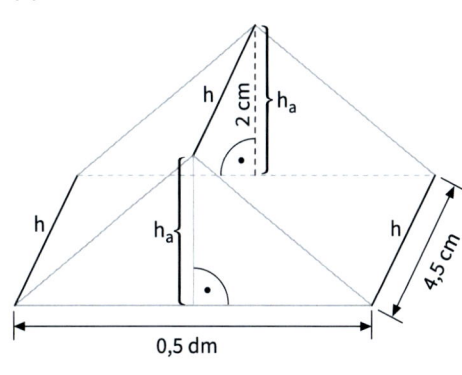

c) $A_{(1)} = \dfrac{5 \cdot 3}{2} = 7{,}5\,cm^2$　　$A_{(2)} = \dfrac{8 \cdot 2}{2} = 8\,cm^2$　　$A_{(3)} = \dfrac{5 \cdot 2}{2} = 5\,cm^2$　　$A_{[2]} > A_{[1]} > A_{[3]}$

d) **(1)** $M = (3 + 5 + 5{,}8) \cdot 4 = 55{,}2\,cm^2$　　　　$O = 70{,}2\,cm^2$　　　　$V = 30\,cm^3$

　　(2) Das Prisma (2) eignet sich nicht zur Berechnung, da für eine Rechnung ungünstige Angaben gegeben sind.

　　(3) $M = 50{,}4\,cm^2$　　　　　　　　$O = 60{,}4\,cm^2$　　　　　　$V = 22{,}5\,cm^3$

14   **31.**

a)	b)	c)	d)	e)
Grundfläche Quadrat	Grundfläche Dreieck	Grundfläche Rechteck	Grundfläche rechtwinkliges Dreieck	Grundfläche Parallelogramm
50 cm; 10 cm; 10 cm	50 cm; 20 cm; 5 cm	50 cm; 20 cm; 20 cm; 5 cm	50 cm; 20 cm; 20 cm	50 cm; 6,25 cm; 20 cm

15   **32.** Wenn man die Wandstärke und die Wandverstärkungen abrechnet, erhält man ungefähr die in den Bildern angegebenen Innenmaße.

     a) Wir rechnen mit einer Breite von 1,7 m.

$$V = \left(\frac{(0,70\,\text{m} + 3,40\,\text{m})}{2} \cdot 0,75\,\text{m} + \frac{(3,40\,\text{m} + 2,00\,\text{m})}{2} \cdot 0,95\,\text{m} \right) \cdot 1,70\,\text{m}$$

$$= 6,97425\,\text{m}^3 \approx 7,0\,\text{m}^3$$

Die Angabe stimmt also.

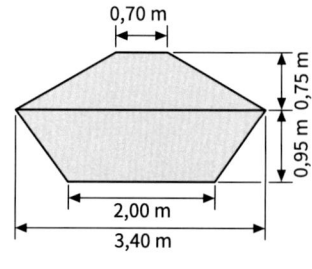

     b) Wir rechnen mit einer Breite von 1,5 m.

$$V = \left(2,80\,\text{m} \cdot 0,40\,\text{m} + \frac{(2,80\,\text{m} + 1,75\,\text{m})}{2} \cdot 1,00\,\text{m} \right) \cdot 1,50\,\text{m}$$

$$= 5,0925\,\text{m}^3 \approx 5,1\,\text{m}^3$$

Die Angabe stimmt also.

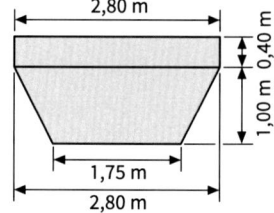

2.1 Aufstellen eines Terms mit Variablen

6 **1.** (1) Die Hälfte einer Zahl: $\frac{1}{2} \cdot x$ oder $\frac{x}{2}$
  (2) Verfünffache die Summe aus 8 und einer Zahl: $(x + 8) \cdot 5$
  (3) Verdreifache die Summe aus –3 und einer Zahl: $3 \cdot (-3 + x)$
  (4) Subtrahiere von der Zahl 10 das Produkt einer Zahl mit sich selbst: $10 - x^2$
  (5) Subtrahiere von dem Vierfachen einer Zahl 1: $4x - 1$
  (6) Vermindert man 18 um das Doppelte einer Zahl: $18 - 2x$
  (7) Dividiere die Summe aus zwei Zahlen durch ihre Differenz: $(x + y) : (x - y)$
  (8) Addiere 12 zu einer Zahl und multipliziere das Ergebnis mit der Differenz von 3 und der Zahl: $(12 + x) \cdot (3 - x)$

2. a) $x - 2$:   In unserer Klasse sind zwei Jungen weniger als Mädchen.   x: Anzahl der Mädchen
   $2 \cdot b$:   Emely wiegt doppelt so viel wie ihre kleine Schwester.   b: Gewicht von Emilys kleiner Schwester

   $a + 2$:   Pauls Schultasche wiegt heute 2 kg mehr als gestern.   a: gestriges Gewicht von Pauls Schultasche

   $2{,}5s + 3$:   Preis für eine Taxifahrt: 3 € Grundgebühr und 2,50 € pro Kilometer   s: gefahrene Strecke in km
   $4 \cdot u$:   Samiras Vater ist viermal so alt wie sie.   u: Samiras Alter
  b) $4 - m$:   Von den vier Reifen des Autos sind einige geplatzt.   m: Anzahl geplatzter Reifen
   $c : 4$:   Pauls Schulweg ist viermal länger als der von Emely.   c: Pauls Schulweg
   $3 \cdot t + 2$:   Der Lehrer kauft Bustickets zum Preis vom 3 € für die Schüler und einen Stadtplan für 2 €.   t: Anzahl der Schüler

7 **3.**

	Term	In Worten ausgedrückt
Beispiel	$a + b$	Summe zweier Zahlen
a)	$3 \cdot e$	Das Dreifache einer Zahl
b)	$a - b$	Differenz zweier Zahlen
c)	$a : 2$	Hälfte einer Zahl
d)	$3 \cdot e + 3 \cdot f$	Das Dreifache einer Zahl addiert mit dem Dreifachen einer anderen Zahl
e)	e^2	Produkt einer Zahl mit sich selbst
f)	$a - 0{,}1$	Zahl vermindert um 0,1
g)	$2x - x$	Das Doppelte einer Zahl vermindert um diese Zahl.
h)	$e - 4 \cdot f$	Eine Zahl vermindert um das Vierfache einer anderen Zahl
i)	$(a + b)^2$	Quadrat der Summe zweier Zahlen
j)	$a^2 + b^2$	Summe der Quadrate zweier Zahlen

4. Figur 1   Figur 2   Figur 3   Figur 4   Figur 5

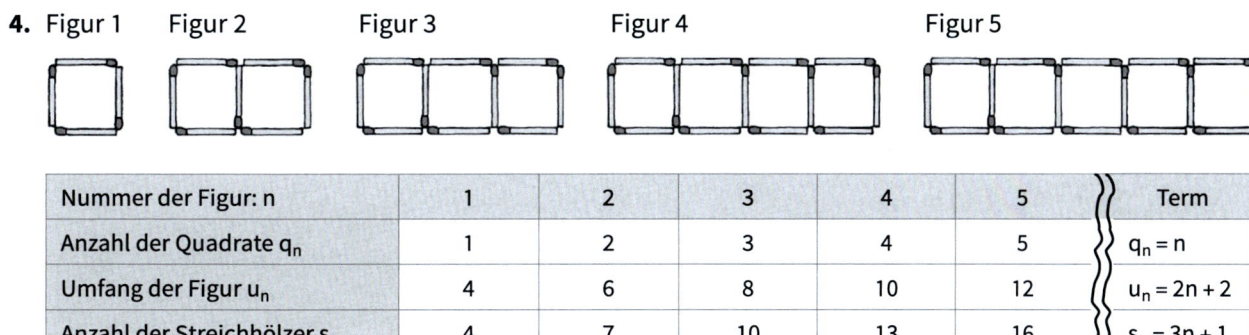

Nummer der Figur: n	1	2	3	4	5	Term
Anzahl der Quadrate q_n	1	2	3	4	5	$q_n = n$
Umfang der Figur u_n	4	6	8	10	12	$u_n = 2n + 2$
Anzahl der Streichhölzer s_n	4	7	10	13	16	$s_n = 3n + 1$

17 **5.** Terme mit weggelassenen Malpunkten:

a) 3xa

b) 4y – 3c

c) 3(7c – 5a)

d) 3 · 7c – 5 · 5a

e) 3z – 2a + 3 · 2

f) xxx

g) $4y^3c^2c$

h) $3 \cdot \frac{1}{3} - \frac{4y}{7}$

6. a) $3(n-5)$ **b)** $\frac{2a}{5}$ und $\frac{2}{5}a$ **c)** $n = 5$

18 **7.**

4 mehr als das Doppelte einer Zahl:	$2n + 4$
Das Vielfache einer Zahl vermindert um 2:	$4n - 2$
Eine gerade Zahl vermehrt um Eins:	$2n + 1$
Das Quadrat aus dem Doppelten einer Zahl:	$(2n)^2 = 4n^2$
Das Doppelte des Kehrwerts einer Zahl:	$2 \cdot \left(\frac{1}{n}\right) = \frac{2}{n}$
Der Quotient aus einer Zahl und 2:	$\frac{n}{2}$
Eine Zahl vermindert um 2:	$n - 2$
Die dritte Potenz einer Zahl:	n^3
Der dritte Teil einer Zahl:	$\frac{n}{3}$
4 geteilt durch das Quadrat einer Zahl:	$\frac{4}{n^2} = 4 : n^2$
Zweimal die Summe aus einer Zahl und 4:	$2(n + 4)$
Die Summe aus einer Zahl und 2 dividiert durch 4:	$\frac{n+2}{n}$
Das Produkt aus einer Zahl und 4:	$4n$
Die Hälfte der Summe einer Zahl und 4:	$\frac{n+4}{2}$
Die Differenz aus 2 und der Summe aus einer Zahl und 4:	$2 - (n + 4)$

Es ergibt sich das folgenden Muster:

$4 : n^2$	$2n + 1$	$2(n+4)$	$4n - 2$	$2n + 4$	$4 : n^2$	$2n + 1$	$2(n+4)$	$4n - 2$	$2n + 4$
$2-(n+4)$	$4 : n^2$	$\frac{n+2}{4}$	$2n + 4$	$\frac{n}{3}$	$2-(n+4)$	$4 : n^2$	$\frac{n+2}{4}$	$2n + 4$	$\frac{n}{3}$
$4n$	$4n^2$	$\frac{2}{n}$	$4n$	$4n^2$	$4n$	$4n^2$	$\frac{2}{n}$	$4n$	$4n^2$
$\frac{n+4}{2}$	n^3	$2(n+4)$	$n-2$	$\frac{n}{2}$	$\frac{n+4}{2}$	n^3	$2(n+4)$	$n - 2$	$\frac{n}{2}$
n^3	$2n + 1$	$\frac{n+2}{4}$	$4n - 2$	$n - 2$	n^3	$2n + 1$	$\frac{n+2}{4}$	$4n - 2$	$n - 2$
$4 : n^2$	$2n + 1$	$2(n+4)$	$4n - 2$	$2n + 4$	$4 : n^2$	$2n + 1$	$2(n+4)$	$4n - 2$	$2n + 4$
$2-(n+4)$	$4 : n^2$	$\frac{n+2}{4}$	$2n + 4$	$2-(n+4)$	$\frac{n}{3}$	$4 : n^2$	$\frac{n+2}{4}$	$2n + 4$	$2-(n+4)$
$4n$	$4n^2$	$\frac{2}{n}$	$4n$	$4n^2$	$4n$	$4n^2$	$\frac{2}{n}$	$4n$	$4n^2$
$\frac{n}{2}$	n^3	$2(n+4)$	$n - 2$	$\frac{n+4}{2}$	$\frac{n}{2}$	n^3	$2(n+4)$	$\frac{n}{3}$	$\frac{n+4}{2}$
n^3	$2n + 1$	$\frac{n+2}{4}$	$4n - 2$	$n - 2$	n^3	$2n + 1$	$\frac{n+2}{4}$	$4n - 2$	$n - 2$

19 **8. a)** 18x   **b)** 18x   **c)** 26x

9 9.

	x	y	z	$x - 2y + z^2$	$x^2 - \frac{1}{2}y$	$(x - y)^2 \cdot z$	$\frac{z}{y} - 4x$
a)	2	–6	4	30	7	256	–8,67
b)	–3	–4	2	9	11	2	11,5
c)	–0,5	–2	–2	7,5	1,25	–4,5	3
d)	12	–7	–10	126	147,5	–3610	–46,57
e)	–2	–3	–4	20	5,5	–4	$9\frac{1}{3}$

10.

	Term	Wert der Variablen	Wert des Terms
a)	$6 \cdot x + x$	$x = 3{,}1$	21,7
b)	$7 \cdot a + 11 \cdot b$	$a = 3{,}2$ und $b = \frac{1}{2}$	27,9
c)	$(x + 5y) + x - y$	$x = 8$ und $y = 10$	56
d)	$2 \cdot x - 6$	$x = 4{,}5$	3
e)	$2 \cdot (5 - x)$	$x = 1$	8
f)	z. B. $6x - 1$	$x = 1$	5
g)	z. B. $3x + 9$	$x = -2$	3

11.

	Term	Einsetzung	Wert	Taschenrechner-Eingabe	korrigierte Taschenrechner-Eingabe
a)	$a : \frac{5}{2}$	10	4	10/2/5	10 / (2/5)
b)	$\frac{3 - a}{4}$	–2	1,25	3- -2/4	(3 – –2) / 4
c)	$\frac{8}{2 - a}$	4	–4	8/2-4	8 / (2 – 4)
d)	$\frac{5 - a}{2a}$	2	0,75	5-2/2*2	(5 – 2) / (2 ∗ 2)

2.2 Aufbau eines Terms

20 12.

	Term	Typ des Terms			Term	Typ des Terms
a)	$2a + 3b$	Summe		**h)**	$(2a - 3b)^2$	Potenz
b)	$2 \cdot (a + 3b)$	Produkt		**i)**	$2 \cdot (a + b) : 3$	Quotient
c)	$\frac{2}{3} a^2 \cdot b$	Produkt		**j)**	$\frac{1}{2} a - \frac{b}{3}$	Differenz
d)	$\frac{2a - 3}{b}$	Quotient		**k)**	$2a + \frac{b}{3}$	Summe
e)	$(2a + b) : 3$	Quotient		**l)**	$2 \cdot (a + 3b)$	Produkt
f)	$\left(\frac{2}{3}\right) ab^2$	Potenz		**m)**	$\frac{2^2}{3^2} \cdot a^2 \cdot b^2$	Produkt
g)	$2a \cdot (b : 3)$	Produkt		**n)**	$2a - 3b$	Differenz

20   **13.** Zum Beispiel:

$(-5) + (6c \cdot 3)$	Summe
$(3b + 12y) + 5b$	Summe
$1 \cdot 5x \cdot (2 : 2a)$	Produkt
$15 - (23 - 8x)$	Differenz

$6c - (2x + 8x)$	Differenz
$15 : (4a - 8a)$	Quotient
$(14 + 2x) \cdot (2 - x)$	Produkt
$3y \cdot 4y^2 : 6y$	Quotient

2.3   Addieren und Subtrahieren von Termen

14. $8x + 8 = 9x$; $-x = 7x - 8x$; $9x - x = 5x + 3x$; $6x + 1 - 10x + 4 = -x + 5 - 3x$; $2x + 3 - 4x = 6 - 2x - 3$

15. Man kann in Termen nur Glieder addieren (subtrahieren), die sich nur in den Zahlfaktoren unterscheiden.
Man addiert (subtrahiert) dann nur die Zahlfaktoren und behält die gemeinsamen Variablen bei.
Oft hilft es auch, die einzelnen Glieder des Termes so umzustellen, dass Glieder mit den gleichen
Variablen hintereinander stehen: $2a + 3b + 4b - a = 2a - a + 3 + 3b + 4b = a + 7b$

21   **16.a)**

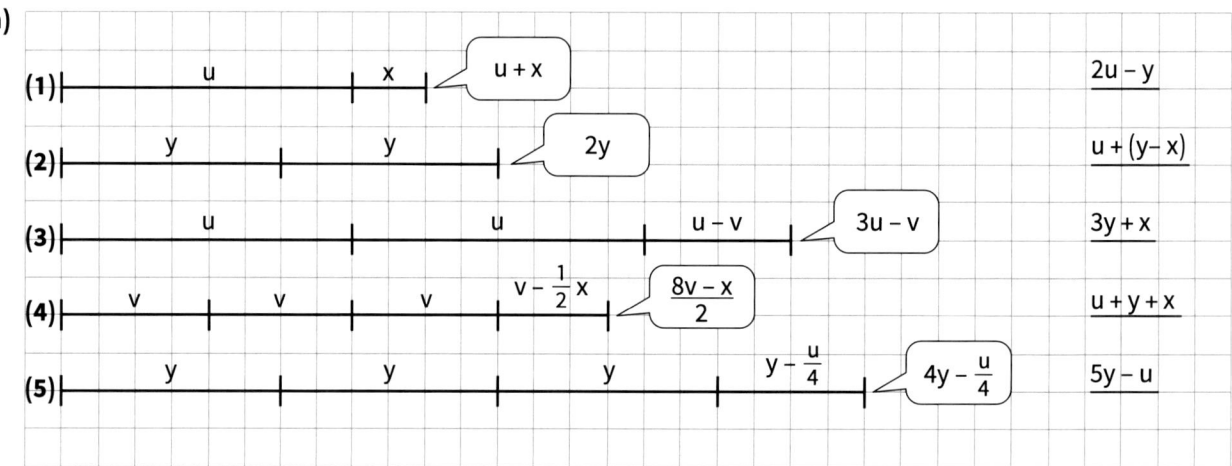

b) (1) $5u - 2v$ (2) $y + \frac{u}{8}$ (3) $\frac{y+u}{7}$ (4) $3v + \frac{y}{6}$ (5) $4v - u - y + \frac{15}{5}x$

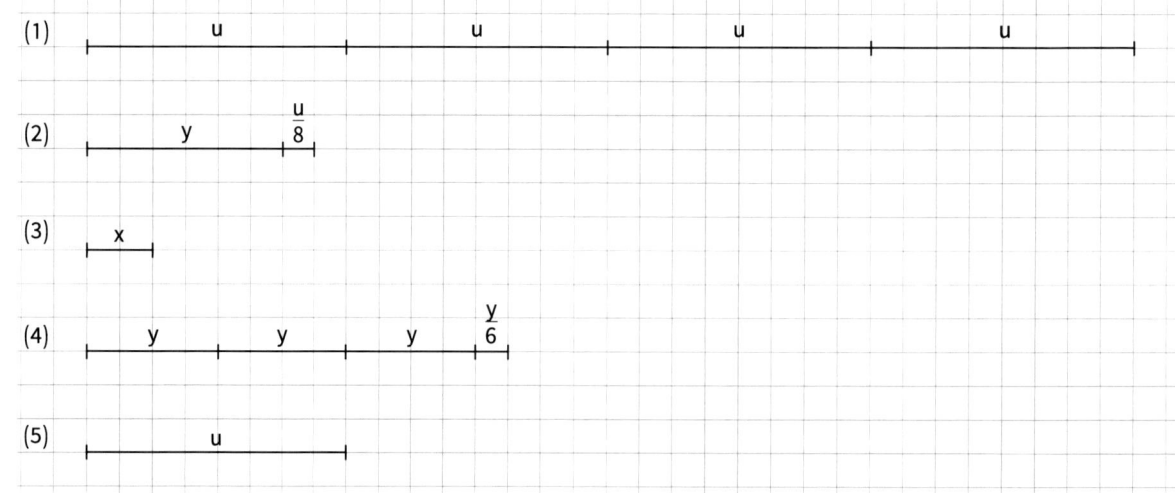

17.a)

x	$x + 7$	$x - 4$
$x - 3$	$x + 1$	$x + 5$
$x + 6$	$x - 5$	$x + 2$

b)

$3y$	$3y + x - 1$	$-y + 4$
$-3y + x + 5$	$2y + 1$	$6y - 3$
$5y - 2$	3	$x + 2$

22

18.a) $\underline{a} + \underline{\underline{b}} - 2a + 3b - 4c + 4 - \underline{\underline{c}} = -a + 4b - 4c + 4ac$

b) $\underline{3ab} + \underline{2a} - \underline{\underline{2b}} + \underline{0{,}8ab} - \underline{\underline{2b}} + \underline{2a} - 12ab = -8{,}2ab + 4a - 4b$

c) $3r^2 + 3s + \underline{10st} + 4r - 3s^2 - \underline{13ts} = 3r^2 + 3s + 4r - 3s^2 - 3st$

d) $\underline{5u} - \underline{\underline{9v}} + \underline{\underline{9v}} - \underline{5u} + (\underline{\underline{5v}} - \underline{9u}) = -9u + 5v$

e) $\underline{\frac{1}{2}x} + \underline{\underline{\frac{3}{4}y}} - \underline{\underline{\underline{\frac{1}{3}z}}} + \underline{0{,}75x} + \underline{\underline{1{,}5y}} - \underline{\underline{\underline{\frac{3}{2}z}}} = 1\frac{1}{4}x + 2\frac{1}{4}y - 1\frac{5}{6}z$

2.4 Multiplizieren und Dividieren von Termen

19. $2 \cdot 5a = 10a;$
$24a : 2 = 4 \cdot 3a,$
$8a : (-2) = -4a;$
$-3 \cdot 8a = 6a \cdot (-4);$
$18a : (-2) = 3 \cdot (-3a)$

20.a) falsch, $a \cdot 5\,a = 5\,a^2$
b) richtig, $a \cdot 5\,a \cdot a = 5\,a^3$
c) falsch, $a\,b \cdot b\,a = a^2\,b^2$
d) richtig, $x^2 \cdot 0{,}7\,x = 0{,}7\,x^3$
e) falsch, $6\,x^2 \cdot 6\,x^2 = 36\,x^4$
f) falsch, $4\,x^3 + 3\,x^3 = 7\,x^3$

21. $45a^2b = 45a \cdot ab = 9a \cdot 5ab = 5a^2 \cdot 9b = a^2 \cdot 45b$
$-6x^2y^3 = -6xy \cdot xy^2 = -6y^2 \cdot x^2y = -2x \cdot 3xy^3 = -3x^2 \cdot 2y^3$

22.a) $4xy \cdot 5x = 20x^2y$
b) $-3ab \cdot 5a = -15a^2b$
c) $-8r^2s^2 : (-2rs^2) = 4r$
d) $4xy \cdot (3c) \cdot 9 = 108xyc$

23

23.a) Zerlegen:

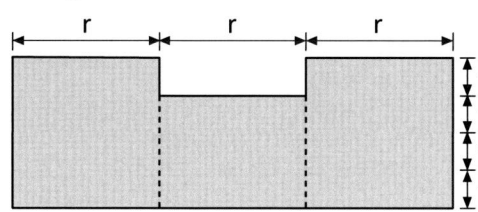

$r \cdot 4t + r \cdot 3t + r \cdot 4t = 11t \cdot r = 11rt$

b) Ergänzen:

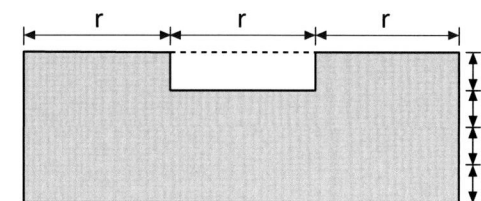

$3r \cdot 4t - r \cdot t = 12rt - rt = 11rt$

24. Berechnung durch Ergänzen:
$5a \cdot 5a - a \cdot a - a \cdot a - 2a \cdot a = 25a^2 - a^2 - 2a^2 = 21a^2$
Berechnung durch Zerlegen:
$2a \cdot 2a + 2a \cdot 2a + 3a \cdot a + 5a \cdot 2a = 4a^2 + 4a^2 + 3a^2 + 10a^2 = 21a^2$

2.5   Auflösen einer Klammer

23

25.a) $3(x + 2y) = 3 \cdot x + 3 \cdot 2y = 3x + 6y$

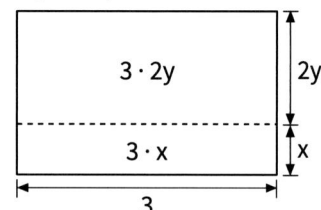

c) $4(3z - 1) = 4 \cdot 3z - 4 \cdot 1 = 12z - 4$

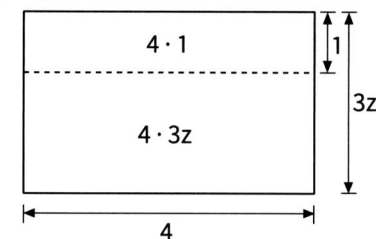

b) $2x(4y + 1) = 2x \cdot 4y + 2x \cdot 1 = 8xy + 2x$

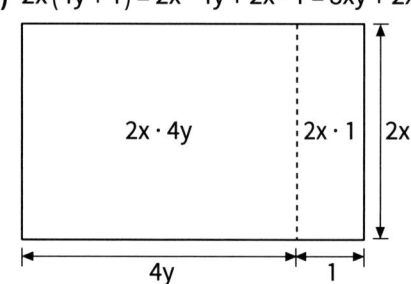

d) $2a(5y - x) = 2a \cdot 5y - 2a \cdot x = 10ay - 2ax$

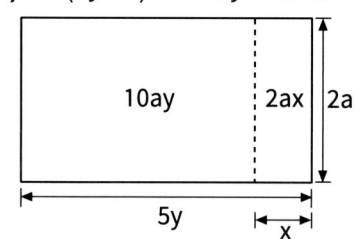

26. $2a(3b - 4) = 6ab - 8a$

$(12b - 16a) : 2 = 6b - 8a$

$(12a + 18) \cdot 3b = 6b(6a + 9)$

$(15a + 12b) \cdot 3 = (72b + 90a) : 2$

$10a \cdot (2b + 8) = 4(5ab + 20a)$

27.a) $b \cdot (-4 + 4y) = -4b + 4by$

b) $-8 \cdot (x + 7) = -8x - 56$

c) $-1 \cdot (x - 2) = -x + 2$

d) $4a \cdot (a + 12b - 5a) = -16a^2 + 48ab$

e) $\dfrac{a}{2} \cdot \left(\dfrac{a}{3} + \dfrac{2b}{3} \right) = \dfrac{a^2}{6} + \dfrac{ab}{3}$

f) $-1,5 \cdot (r + 0,2t - 1,5) = -1,5r - 0,3t + 2,25$

g) $(4x + 8y) : \dfrac{1}{2} = 8x + 16y$

h) $3 \cdot (a - b) + 7 \cdot (-a + 2b + 5) = -4a + 11b + 35$

24

28. Tim hat sich in der dritten Zeile verrechnet. Beim Zusammenfassen von $-14x - x$ hat er sich mit dem Vorzeichen vertan.

Hier die richtige Rechnung:

$(-2) \cdot (7x - 4) - x = 6 \cdot (-3x - 1) + x$	Klammern auflösen
$-14x + 8 - x = -18x - 6 + x$	Zusammenfassen
$-15x + 8 = -17x - 6$	Addiere 17x
$2x + 8 = -6$	Subtrahiere 8
$2x = -14$	Teile durch 2
$x = -7$	

2.6 Minuszeichen vor einer Klammer – Subtrahieren einer Klammer

24

29.a) $3a - (2a + 8)$ $\qquad = 3a - 2a - 8$ $\qquad = a - 8$

b) $2b + (4x - 0{,}8b)$ $\qquad = 2b + 4x - 0{,}8b$ $\qquad = 1{,}2b + 4x$

c) $27ca - (42bc - 5ac)$ $\qquad = 27ca - 42bc + 5ac$ $\qquad = 32ac - 42bc$

d) $38 + (-3x + 22)$ $\qquad = 38 - 3x + 22$ $\qquad = 60 - 3x$

e) $-4 \cdot (3y - 2)$ $\qquad = -12y + 8$

f) $-(-2x + 3a)$ $\qquad = 2x - 3a$

g) $4f + (2x - 3y) - 4f - (3x + 5y)$ $\qquad = 4f + 2x - 3y - 4f - 3x - 5y$ $\qquad = -x - 8y$

h) $(3g + 3z) - (6g - 4z - 15)$ $\qquad = 3g + 3z - 6g + 4z + 15$ $\qquad = -3g + 7z + 15$

i) $(3c + 2b - 5h) + 9h + (3c - 2b)$ $\qquad = 3c + 2b - 5h + 9h + 3c - 2b$ $\qquad = 6c + 4h$

j) $(3{,}2 - 0{,}8i + 1{,}5y) - (-1{,}8y + 1{,}5i)$ $= 3{,}2 - 0{,}8i + 1{,}5y + 1{,}8y - 1{,}5i = -2{,}3i + 3{,}3y + 3{,}2$

30.a) $x - (a + 2x) = -x - a$ $\qquad$ **d)** $-(a + 7) - (4 - a) = -11$

b) $5m - (m + s) = 4m - s$ $\qquad$ **e)** $-(4z - 6p) - 2 \cdot (8p + 3z) = -10 \cdot (p + z)$

c) $(x^2 - y) - (x^2 - y) = 0$ $\qquad$ **f)** $-2 \cdot (-1{,}5a + b) - 1{,}5 \cdot (b + a) = 1{,}5a - 3{,}5b$

31.a) $4a - (5b - 6a) - 7b = 10a - 12b$ $\qquad$ **c)** $4a - 5b - 6a - 7b = -2a - 12b$

b) $4a - (5b - 6a - 7b) = 10a + 2b$ $\qquad$ **d)** $4a - 5b - (6a - 7b) = -2a + 2b$

32.

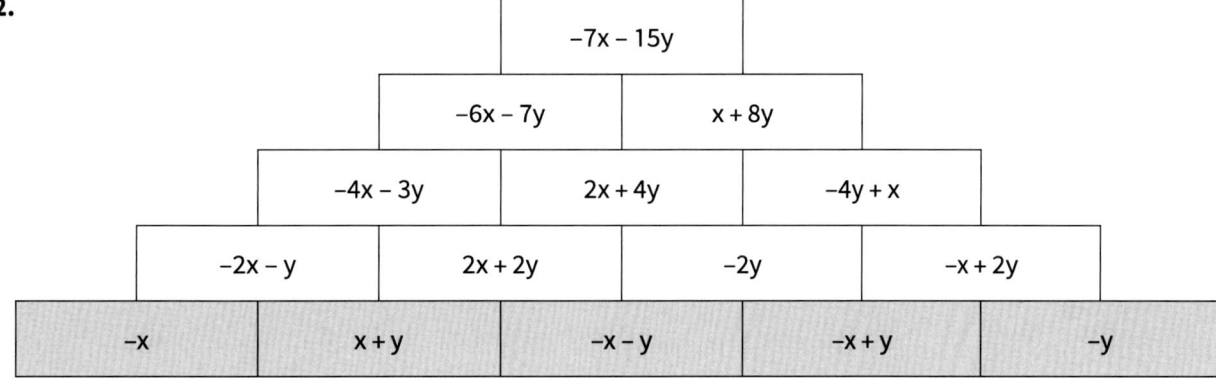

25

33.a) $5x - 6y - (6x - 7y) = -x + y$ $\qquad$ **c)** $3 \cdot (a - 4) + 2 \cdot (a + 3) = 4 \cdot (1{,}25a + 6) - 30$

b) $7a + 6b - 3 = -6a - (-13a + 3 - 6b)$ $\qquad$ **d)** $(3a - 16) + 3a + 11 - a = 5a - 5$

2.7 Ausklammern

34.a) $14\underline{b} + a\underline{b} = b \cdot (14 + a)$ $\qquad$ **e)** $\underline{x}^3 - \underline{x}y^2 = x \cdot (x^2 - y^2)$

b) $-\underline{r}s - \underline{r}t = r \cdot (-s - t) = -r \cdot (s + t)$ $\qquad$ **f)** $a^2\underline{b} - z\underline{b}^2 = b \cdot (a^2 - zb)$

c) $\underline{s}^2 - \underline{s} = s(s - 1)$ $\qquad$ **g)** $\underline{a}^2b - v\underline{a}^2 = a^2 \cdot (b - v)$

d) $17\underline{r}s - \underline{r} = r \cdot (17s - 1)$ $\qquad$ **h)** $u^3\underline{p}^2 + u\underline{p}^3 - 12u^2\underline{p}^4 = p^2 \cdot (u^3 + up - 12u^2p^2)$

25   **35.a)** July: $6a - 2ab$ Anthony: $6a - 2ab$

$= 2 \cdot (3a - ab)$ $= a \cdot (6 - 2b)$

$= 2 \cdot a \cdot (3 - b)$ $= a \cdot 2 \cdot (3 - b)$

$= 2a \cdot (3 - b)$ $= 2a \cdot (3 - b)$

    b) $6a - 2ab = 2a\,(3 - b)$

    36.a) $8a^2b - 4ab = 4a \cdot (2ab - b) = 4ab \cdot (2a - 1)$

       b) $-5x^2t - 5xy = -5x \cdot (xt + y)$

       c) $15uv - 5ut + 20t - 45v = 15v\,(u - 3) - 5t\,(u - 4)$

    37.a) $4abc + 2a = 2a\,(2bc + 1)$ **d)** $68a^2b - 17b^2 = 17b\,(4a^2 - b)$

       b) $9pq + 27pq^2 + 3p^2 = 3p\,(3q + 9q^2 + p)$ **e)** $0{,}5s - 1{,}5s^2 + s = s\,(0{,}5 - 1{,}5s + 1) = s\,(1{,}5 - 1{,}5s)$

       c) $0{,}4x^2 + xy = x \cdot (0{,}4x + y)$ **f)** $-60xy - 48x^2z = 12x\,(-5y - 4xz)$

26   **38.** $9m^2 - 18mn + 36m = 3m \cdot (3m - 6n + 12)$

$9m \cdot (m - 2n + 4) = 9 \cdot (m^2 - 2mn + 4m)$

$12n^2m \cdot \left(1 + 2m - \frac{1}{4}\right) = n^2 \cdot (12m + 24m^2 - 3m)$

$12n^2m + 24n^2m^2 - 3mn^2 = -3 \cdot (-4n^2m - 8n^2m^2 + mn^2)$

$16 \cdot (2nm - n^2m^2 - 4n^2m) = 16nm \cdot (2 - nm - 4n)$

$32nm \cdot \left(1 - \frac{1}{2}nm - 2n\right) = 32nm - 16n^2m^2 - 64n^2m$

2.8 Auflösen von zwei Klammern in einem Produkt

39.a)
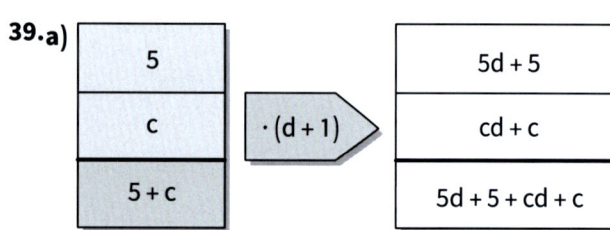

b)
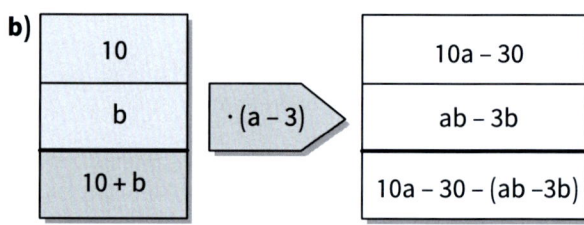

c)
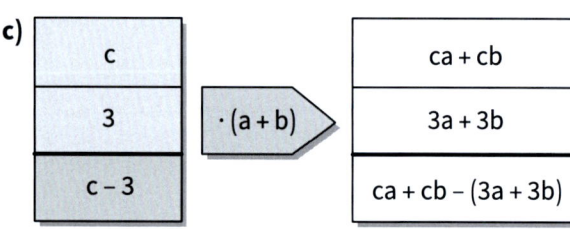

d)
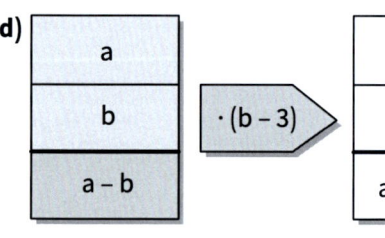

40.a) $(p + q)\,(r + s)$

$= pr + ps + qr + qs$

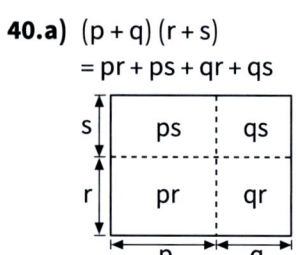

b) $(a + 2)\,(b + 1)$

$= ab + 1 \cdot a + 2b + 2 \cdot 1$

c) $(a + b)\,(a + c)$

$= a^2 + ac + ab + bc$

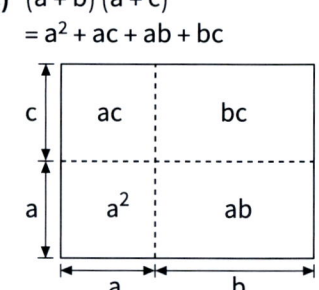

27　**41.**

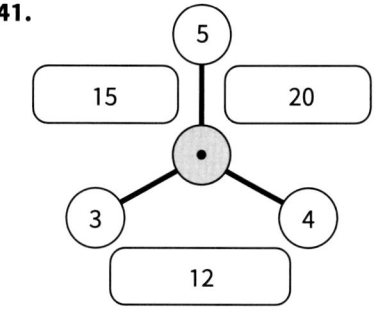

a)

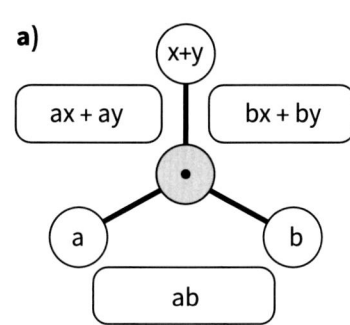

b)

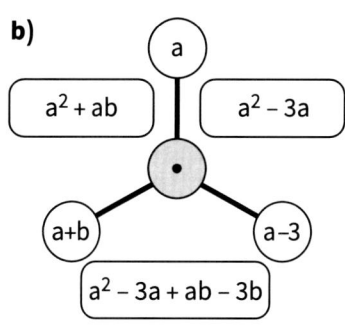

c)

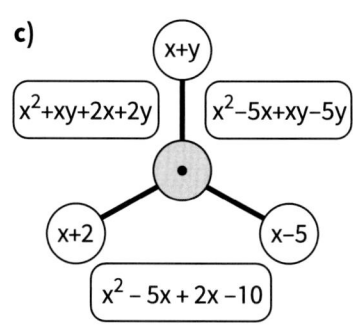

d)

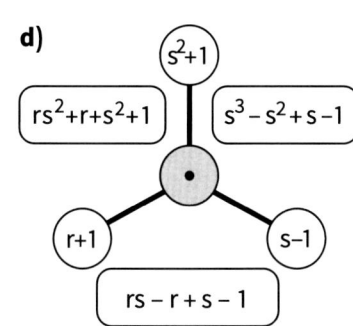

e)

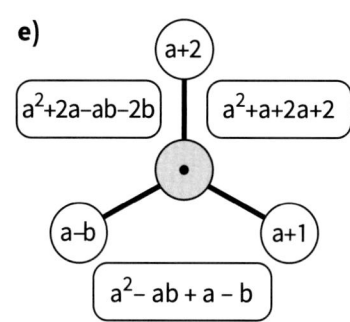

2.9　Binomische Formeln

42.a) $(2a + b)^2$
$= (2a + b)(2a + b)$
$= 4a^2 + 2ab + 2ab + b^2$
$= 4a^2 + 4ab + b^2$

b) $(2a + 3b)^2$
$= (2a + 3b)(2a + 3b)$
$= 4a^2 + 6ab + 6ab + 9b^2$
$= 4a^2 + 12ab + 9b^2$

c) $(2a - 1)^2$
$= (2a - 1)(2a - 1)$
$= 4a^2 - 2a - 2a + 1$
$= 4a^2 + 1$

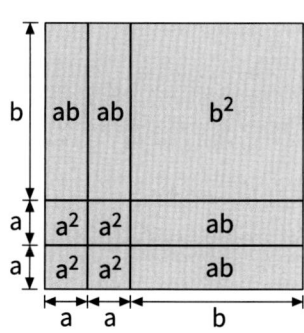

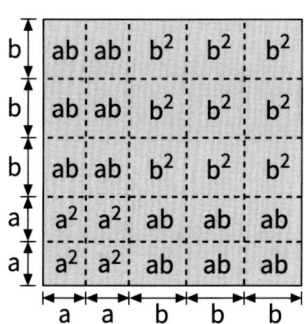

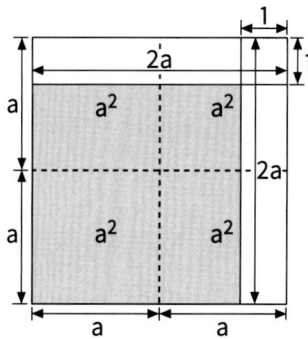

43.a) Bilde zunächst das Quadrat des ersten Summanden der Klammer (x^2). Bilde dann noch das Quadrat des zweiten Summanden der Klammer ($9y^2$). Multipliziere die beiden Summanden und verdopple das Ergebnis ($2 \cdot x \cdot 3y$). Addiere nun diese drei Terme: $x^2 + 2 \cdot x \cdot 3y + 9y^2$

b) Quadriere den ersten Summanden (c^2) und den zweiten Summanden ($16d^2$). Die Differenz dieser beiden Quadrate $c^2 - 16d^2$ ist das Ergebnis des Terms.

28   **44.a)** **(1)** $a = 3t$ $b = 2s$ **(2)** $a = 4x$ $b = 5y$ **(3)** $a = s^2$ $b = 9t$

	$(a + b)^2$	a^2	$2 \cdot a \cdot b$	b^2	$a^2 + 2ab + b^2$
(1)	$(3t + 2s)^2$ =	$(3t)^2$	$+ \ 2 \cdot 3t \cdot 2s$	$+ \ (2s)^2$ =	$9t^2 + 12st + 4s^2$
(2)	$(4x + 5y)^2$ =	$(4x)^2$	$+ \ 2 \cdot 4x \cdot 5y$	$+ \ (5y)^2$ =	$16x^2 + 40xy + 25y^2$
(3)	$(s^2 + 9t)^2$ =	$(s^2)^2$	$+ \ 2 \cdot s^2 \cdot 9t$	$+ \ (9t)^2$ =	$s^4 + 18s^2t + 81t^2$

b) **(1)** $a = 2s$ $b = 3t$ **(2)** $a = 9r$ $b = 4s$ **(3)** $a = 11x^2$ $b = 12y$

	$(a - b)^2$	a^2	$2 \cdot a \cdot b$	b^2	$a^2 - 2ab + b^2$
(1)	$(2s - 3t)^2$ =	$(2s)^2$	$- \ 2 \cdot 2s \cdot 3t$	$+ (3t)^2$ =	$4s^2 - 12st + 9t^2$
(2)	$(9r - 4s)^2$ =	$(9r)^2$	$- \ 2 \cdot 9r \cdot 4s$	$+ (4s)^2$ =	$81r^2 - 72rs + 16s^2$
(3)	$(11x^2 - 12y)^2$ =	$(11x^2)^2$	$- \ 2 \cdot 11x^2 \cdot 12y$	$+ (12y)^2$ =	$121x^4 - 264x^2y + 144y^2$

c) **(1)** $a = 3x$ $b = 2y$ **(2)** $a = 4x$ $b = 7y$ **(3)** $a = x^2$ $b = 7y$

	$(a + b)$	$(a - b)$	a^2	b^2	$a^2 - b^2$
(1)	$(3x + 2y)$	$\cdot$ $(3x - 2y)$ =	$(3x)^2$	$- \ (2y)^2$ =	$9x^2 - 4y^2$
(2)	$(4x + 7y)$	$\cdot$ $(4x - 7y)$ =	$(4x)^2$	$- \ (7y)^2$ =	$16x^2 - 49y^2$
(3)	$(x^2 + 7y)$	$\cdot$ $(x^2 - 7y)$ =	$(x^2)^2$	$- \ (7y)^2$ =	$x^4 - 49y^2$

45.

	Umformung		Berichtigung
a)	$(a + b)^2 = a^2 + b^2$	✗	$a^2 + 2ab + b^2$
b)	$(a \cdot b)^2 = a^2 \cdot b^2$	✓	–
c)	$(x - y)^2 = x^2 - y^2$	✗	$x^2 - 2xy + y^2$
d)	$(x - y)^2 = (x - y) \cdot (x - y)$	✓	–
e)	$(x + y) \cdot (x - y) = x^2 - y^2$	✓	–
f)	$(x - y)^2 = x^2 - 2xy - y^2$	✗	$x^2 - 2xy + y^2$

29 **46.** $225a^2 - 60ab + 4b^2 = (15a - 2b)^2$

$25x^2 - 121y^2 = (5x - 11y)(5x + 11y)$

$9b^2 + 2b + \frac{1}{9} = \left(3b + \frac{1}{3}\right)^2$

$u^2 - v^2 = (u - v)(u + v)$

$(m^2n - n)^2 = m^4n^2 - 2m^2n^2 + n^2$

$(30s - 1{,}5t)^2 = 900s^2 - 90st + 2{,}25t^2$

$(1{,}5a - 1{,}2b)(1{,}5a + 1{,}2b) = 2{,}25a^2 - 1{,}44b^2$

$(4r - 8)(4r + 8) = 16r^2 - 64$

$\left(3a + \frac{1}{3}b\right)^2 = 9a^2 + 2ab + \frac{1}{9}b^2$

$(20x - y)^2 = 400x^2 - 40xy + y^2$

2.10 Faktorisieren einer Summe

47.

	Umformung	w	f	Korrektur
a)	$a^2 + 4as + s^2 = (a + s)^2$		✗	$a^2 + 2as + s^2$
b)	$9y^2 + 25x^2 - 30yx = (3y - 5x)^2$	✗		
c)	$x \cdot (x + y) - y \cdot (x + y) = (x - y)(x + y)$	✗		
d)	$w^2 - 18wt + 9t^2 = (w - 3t)^2$		✗	$w^2 - 6wt + 9t^2$
e)	$(4u - 5v)^2 = 16u^2 - 25v^2$		✗	$16u^2 - 40uv + 25v^2$
f)	$3k^2 + 3 - 3l^2 = 3 \cdot (k + l)(k - l)$		✗	$3 \cdot (k^2 - l^2) = 3k^2 - 3l^2$

48. $4x^2 + 8xy + 4y^2 = (2x + 2y)^2$

$x^2 - 4xy + 4y^2 = (x - 2y)^2$

$4x^2 + 4xy + y^2 = (2x + y)^2$

$4x^2 - 8xy + 4y^2 = (2x - 2y)^2$

$4x^2 - 4y^2 = (2x + 2y) \cdot (2x - 2y)$

49. a) $16r^2 - 64rs + 64s^2 = (4r - 8s)^2$

b) $\frac{49}{100}x^2 - \frac{64}{81}y^2 = \left(\frac{7}{10}x - \frac{8}{9}y\right)\left(\frac{7}{10}x + \frac{8}{9}y\right)$

c) $8r^2 - 16rs + 8s^2 = 8(r - s)^2$

d) $27a^2 - 48b^2 = 3 \cdot (3a - 4b)(3a + 4b)$

e) $a^2 + 10ab + 25b^2 = (a + 5b)^2$

f) $y^2 - 26yz + 169z^2 = (y - 13z)^2$

50. a) $a^2 - 4ab + 4b^2 = (a - 2b)^2$

b) $36x^2 + 6xy + 0{,}25y^2 = (6x + 0{,}5y)^2$

c) $16x^2 - 24xy + 9y^2 = (4x - 3y)^2$

d) $\frac{16}{25}a^2 + 8a + 25 = \left(\frac{4}{5}a + 5\right)^2$

e) $1{,}44n^2 - 3{,}6n + 2{,}25 = (1{,}2n - 1{,}5)^2$

f) $0{,}01v^2 + 5v + 625 = (0{,}1v + 25)^2$

30 **51. a)** $4a^2 + 12ab + 9b^2 = (2a + 3b) \cdot (2a + 3b) = (2a + 3b)^2 =$

b) $25x^2 + 60xy + 36y^2 = (5x + 6y) \cdot (5x + 6y) = (5x + 6y)^2$

c) $a^2 - 38ab + 361b^2 = (a - 19b) \cdot (a - 19b) = (a - 19b)^2$

d) $2{,}25a^2 - 2ab + \frac{4}{9}b^2 = \left(1{,}5a - \frac{2}{3}b\right) \cdot \left(1{,}5a - \frac{2}{3}b\right) = \left(1{,}5a - \frac{2}{3}b\right)^2$

e) $121a^2 + 11ab + \frac{1}{4}b^2 = \left(11a + \frac{1}{2}b\right) \cdot \left(11a + \frac{1}{2}b\right) = \left(11a + \frac{1}{2}b\right)^2$

f) $144 + 12c + 0{,}25c^2 = (12 + 0{,}5c) \cdot (12 + 0{,}5c) = (12 + 0{,}5c)^2$

g) $36x^2 - 49y^2 = (6x - 7y) \cdot (6x + 7y)$

h) $0{,}09x^4 - \frac{25}{16}y^4 = \left(0{,}3x^2 - \frac{5}{4}y^2\right) \cdot \left(0{,}3x^2 + \frac{5}{4}y^2\right)$

2.11 Mischungsaufgaben

30 **52.**

	Menge (in ℓ)	Fruchtsaftgehalt (in %)	Enthaltener Fruchtsaft (in l)
Vorhandener Trau-bennektar	2000	80	80 % · 2000 = 1600
Traubenfruchtsaftge-tränk	x = 3000	30	30 % · 3000 = 900
Gemischter Trauben-nektar	2000 + x = 5000	50	50 % · 5000 = 2500

Gleichung:

$2000 \, l \cdot 80\,\% + x \cdot 30\,\% = (2000 \, l + x) \cdot 50\,\%$

$1600 \, l + 0{,}3x = 1000 \, l + 0{,}5x$

$600 \, l = 0{,}2x$

$3000 \, l = x$

2.12 Formeln – Gleichungen mit Parametern

2.12.1 Umformen von Formeln

31 **53.**

a) Umstellen nach b	b) Umstellen nach d	c) Umstellen nach c
$a = \frac{b-c}{d} \quad \mid \cdot d$	$a = \frac{b-c}{d} \quad \mid \cdot d$	$a = \frac{b-c}{d} \quad \mid \cdot d$
$a \cdot d = b - c \quad \mid + c$	$a \cdot d = b - c \quad \mid : a$	$a \cdot d = b - c \quad \mid + c$
$a \cdot d + c = b$	$d = \frac{b-c}{a}$	$a \cdot d + c = b \quad \mid - (a \cdot d)$ $c = b - a \cdot d$

54.

	Formel	physikalischer Sachverhalt	Isoliere nach Variable...
a)	$v = \frac{s}{t}$	Geschwindigkeit	$t = \frac{s}{v}$ $s = v \cdot t$
b)	$F_1 \cdot l_1 = F_2 \cdot l_2$	Drehmoment	$F_1 = (F_2 \cdot l_2) : l_1$ $l_1 = (F_2 \cdot l_2) : F_1$ $F_2 = (F_1 \cdot l_1) : l_2$ $l_2 = (F_1 \cdot l_1) : F_2$

2.12.2 Lösen von Gleichungen mit Parametern

31

55.a) **(1)** $x(x+1) = (x+1)^2$

$$x^2 + x = x^2 + 2x + 1 \qquad |-x^2 - 2x$$
$$-x = 1 \qquad |:(-1)$$
$$x = -1$$
$$L = \{-1\}$$

(3) $x(x+3) = (x+3)^2$

$$x^2 + 3x = x^2 + 6x + 9 \qquad |-x^2 - 6x$$
$$-3x = 9 \qquad |:(-3)$$
$$x = -3$$
$$L = \{-3\}$$

(2) $x(x+2) = (x+2)^2$

$$x^2 + 2x = x^2 + 4x + 4 \qquad |-x^2 - 4x$$
$$-2x = 4 \qquad |:(-2)$$
$$x = -2$$
$$L = \{-2\}$$

b) Gleichung mit Parametern:

$x(x+n) = (x+n)^2; \ n \in \mathbb{R}$

Vermutung für die Lösungsmenge: $L = \{-n\}$

Überprüfen: $x(x+n) = (x+n)^2$

$$x^2 + nx = x^2 + 2nx + n^2 \qquad |-x^2 - 2nx$$
$$-nx = n^2 \qquad |:(-n)$$
$$x = -n$$
$$L = \{-n\}$$

Alle Gleichungen der Form $x(x+n) - (x+n)^2$ mit $n \in \mathbb{R}$ haben $-n$ als Lösung.

2.13 Gleichungen vom Typ $T_1 \cdot T_2 = 0$

32

56.

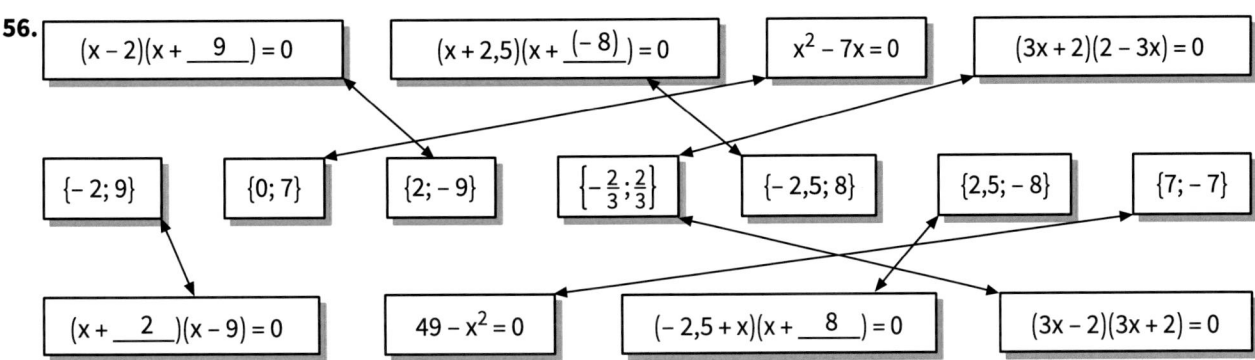

57. 1. Gleichung: $(x+2)(x-1)$ Kontrolle: $(-2+2)(-2-1) = 0$ und $(1+2)(1-1) = 0$

    2. Gleichung: $(x+2)(-x+1)$ Kontrolle: $(-2+2)(-(-2)+1) = 0$ und $(1+2)(-1+1) = 0$

    3. Gleichung: $(-x-2)(-x+1)$ Kontrolle: $(-(-2)-2)(-(-2)+1) = 0$ und $(-1-2)(-1+1) = 0$

58.(1) $-b:7+5=3 \quad b=14$

(2) $3a-5,4=2,1 \quad a=2,5$

(3) $4-y:3=-3 \quad y=21$

(4) $-\frac{1}{2}x+3=-17 \quad x=40$

(5) $3x+6=-93 \quad x=-33$

(6) $2x+15=121 \quad x=53$

(7) $(x+7) \cdot (x-4) = 0 \quad x=\{-7; 4\}$

(8) $t^2-6t=0 \quad t=6,5$

(9) $(x-1) \cdot (x+6) = 0 \quad x=\{1; -6\}$

(10) $(18+2x) \cdot (27-3x) = 0 \quad x=\{9; -9\}$

(11) $(2x+12) \cdot (2x-12) = 0 \quad x=\{-6; 6\}$

Lösungswort: ROSENMONTAG

Bist du kompetent im Umgang mit Termen Aufstellen und Umformen?

33

59.a) $\{3; 5; 7; 9; 11; 13; 15; 17\}$ Term: $2n+1$

   b) $\{1; 4; 9; 16; 25; 36; 49; 64\}$ Term: n^2

   c) $\{2; 8; 18; 32; 50; 72; 98; 128\}$ Term: $2n^2$

   d) $\{3; 12; 27; 48; 75; 108; 147; 192\}$ Term: $3n^2$

   e) $\{4; 8; 12; 16; 20; 24; 28; 32\}$ Term: $4n$

   f) $\{6; 10; 14; 18; 22; 26; 30; 34\}$ Term: $4n+2$

60.   –

3.1   Kongruente Figuren

34

1. Kongruent zueinander sind:
Figur 1, Figur 7 und Figur 11.
Figur 2, Figur 5 und Figur 13.
Figur 6 und Figur 10.
Figur 8 und Figur 9.

Figur 3 ist zu keiner anderen Figur kongruent.
Figur 4 ist zu keiner anderen Figur kongruent.
Figur 12 ist zu keiner anderen Figur kongruent.
Figur 14 ist zu keiner anderen Figur kongruent.
Figur 15 ist zu keiner anderen Figur kongruent.

3.2   Dreieckskonstruktion – Kongruenzsätze

2. (1) drei Seitenlängen

(2) eine Seite und zwei Winkelgrößen (die dritte Winkelgröße kennt man dann über den Winkelsummensatz für Dreiecke)

(3) zwei Seitenlängen und die Größe des eingeschlossenen Winkels

(4) zwei Seiten und die Größe des der längeren Seite gegenüberliegenden Winkels.

35

3. a) Kongruenzsatz: sss

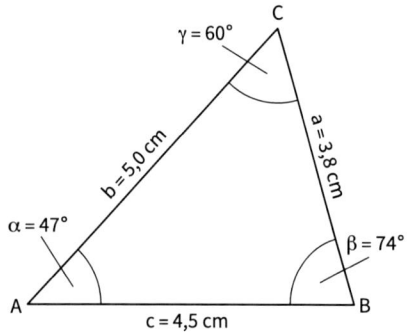

c) Kongruenzsatz: wsw

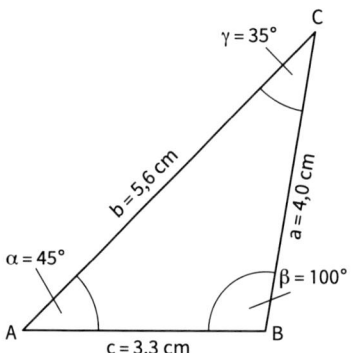

b) Kongruenzsatz: sws

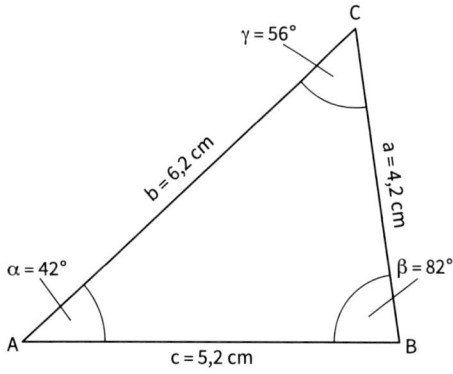

d) Kongruenzsatz: Ssw

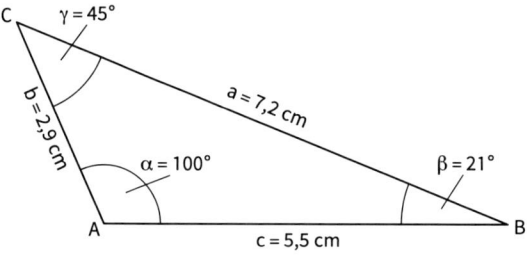

4. Aus $a = 15\,cm$, $b = 25\,cm$ und $c = 45\,cm$ lässt sich kein Dreieck konstruieren, da $a + b < c$.
Zwei Dreiecke mit $c = 25\,cm$, $\alpha = 45°$ und $\beta = 70°$ sind nach dem Kongruenzsatz wsw kongruent zueinander.
Alle Dreiecke mit $b = 25\,cm$, $c = 30\,cm$ und $\alpha = 5°$ sind nach dem Kongruenzsatz sws konguent zueinander.
Aus $\alpha = 17°$, $\beta = 100°$ und $\gamma = 63°$ lassen sich viele Dreiecke konstruieren, die nicht zueinander kongruent sind. Es gibt keinen Kongruenzsatz www.
Zwei Dreiecke mit $a = 3,5\,cm$, $b = 4,5\,cm$ und $c = 5,5\,cm$ sind nach dem Kongruenzsatz sss kongruent zueinander.
Ein Dreieck mit $b = 2,2\,cm$, $c = 4,8\,cm$ und $\beta = 51°$ ist nicht konstruierbar, da der Kreis um A mit dem Radius $b = 2,2\,cm$ den Schenkel $\overline{BC}$ des Winkels β nicht schneidet.

36 **5.** Der Winkel bei E ist 180° – 73° – 59° = 48° groß. Die Dreiecke sind nach dem Kongruenzsatz wsw kongruent zueinander.

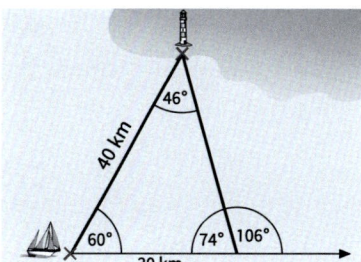

6.a) Man erhält ein Dreieck, in dem der Winkel am Turm 180° – 60° – 74° = 46° groß ist.

b) Das Schiff hat in einer Stunde 30 km zurückgelegt.

3.3 Konstruktion von Vierecken

7. a) Mit den Angaben a, α, b, β und c kann man ein kongruentes Viereck erzeugen.

b) Mit den Angaben a, α, b, c und d kann man ein kongruentes und ein nicht kongruentes Viereck erzeugen.

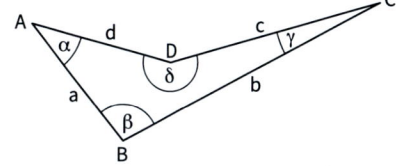

Bist du kompetent im Umgang mit Werkzeugen DGS ?

37 **8.** Viereck A: Parallelogramm; Viereck B: Drachenviereck; Viereck C: Quadrat

3.4 Beweisen mithilfe der Kongruenzsätze

38 **9.** *Voraussetzung:* ABCD ist ein Parallelogramm.

Behauptung: Die Diagonalen halbieren einander.

Beweis: Wir nennen den Schnittpunkt der beiden Diagonalen S.

Zum Beweis der Behauptung zeigen wir die Kongruenz der beiden Dreiecke ABS und CDS.

Es gilt $\alpha_1 = \gamma_2$, da diese als Wechselwinkel an geschnittenen Parallelen gleich groß sind.

Insbesondere folgt $\overline{AD} = \overline{BC}$, da im Parallelogramm einander gegenüberliegende Seiten gleich lang sind.

Es gilt $\beta_1 = \gamma_2$, da diese als Wechselwinkel an geschnittenen Parallelen gleich groß sind.

Nach dem Kongruenzsatz wsw sind somit die Dreiecke ABC und CDS kongruent zueinander.

Insbesondere folgt $\overline{AS} = \overline{CS}$ und BS = DS, d. h. die Halbierung der Diagonalen.

3.5   Kreis und Geraden

39 **10.** Lösungswort: Langstrumpf ....

Nr.	Aussage	Falsch	Richtig
1.	Die längste Sehne eines Kreises heißt Durchmesser.	M	**L**
2.	Jede Strecke im Kreis heißt Radius.	**A**	T
3.	Der Mittelpunkt eines Kreises liegt auf jedem Durchmesser.	E	**N**
4.	Der Radius ist halb so lang wie der Durchmesser eines Kreises.	E	**G**
5.	Eine Passante schneidet den Kreis genau in einem Punkt.	**S**	B
6.	Für Radius r und Durchmesser d gilt die Gleichung: $r = 2 \cdot d$	**T**	V
7.	Eine Sekante geht außerhalb des Kreises an ihm vorbei.	**R**	L
8.	Der Mittelpunkt des Kreises liegt in der Kreisfläche.	O	**U**
9.	Eine Tangente geht genau durch den Mittelpunkt des Kreises.	**M**	D
10.	Die Punkte auf der Kreislinie haben alle denselben Abstand zum Kreismittelpunkt.	F	**P**
11.	Der Umfang eines Kreises ist eine Strecke.	**F**	E

11.

Name	Beispiel
Radius	$\overline{MD}$
Durchmesser	$\overline{FD}$
Passante	CB
Tangente	AB
Tangente	AC
Sekante	GH
Sekante	GE
Sekante	DF
Radius	$\overline{MF}$

12.

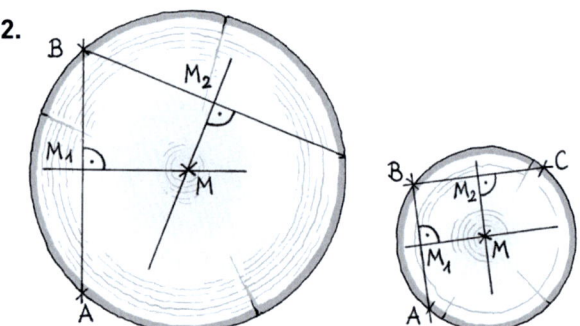

Zeichne zwei beliebige Sehnen $\overline{AB}$ und $\overline{BC}$. Zeichne dann jeweils die Mittelsenkrechten der beiden Sehnen. Ihr Schnittpunkt M ist der Mittelpunkt des Kreises und gibt den Punkt für die Bohrung an.

3.6   Besondere Punkte und Linien eines Dreiecks

3.6.1 Mittelsenkrechte – Umkreis eines Dreiecks

40 **13.** Der Sessel steht idealerweise auf einem Punkt der Geraden g.

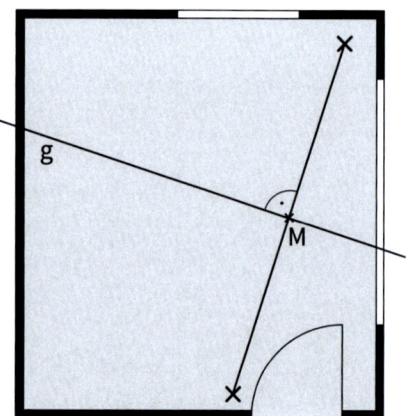

40 **14.**

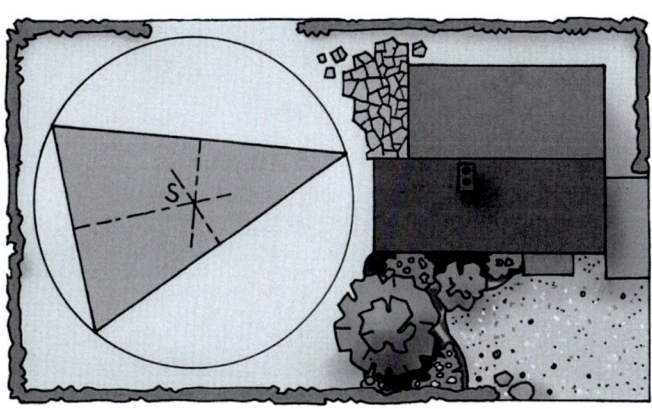

a) An der Stelle T ist der Sprungturm von den Badestellen A, B und C jeweils gleich weit entfernt. Die Konstruktion erfolgt über die Verbindung der Badestellen (zu einem Dreieck) und dem Schnittpunkt der Seitenhalbierenden dieser Verbindungsstrecken (Seiten des Dreiecks).

b) An der Stelle R ist die Insel gleich gut von den Badestellen D, E und F errerichbar. Die Konstruktion erfolgt hier ebenfalls über den Schnittpunkt der Seitenhalbierenden der Verbindungsstrecken zwischen den Badestellen.

15. Der Rasensprenger muss an der Stelle S stehen, damit die ganze Rasenfläche am günstigsten beregnet wird.

3.6.2 Winkelhalbierende – Inkreis eines Dreiecks

41 **16.**

Die Verbindung der Gleise erfolgt durch die Konstruktion der Kreisbögen, die die Eisenbahnlinie und die Nebenstrecke als Tangenten haben.

41   **17.** Der größtmögliche Kreis ist jeweils der Inkreis der drei Dreiecke.

3.7 Satz des Thales

42   **18.**

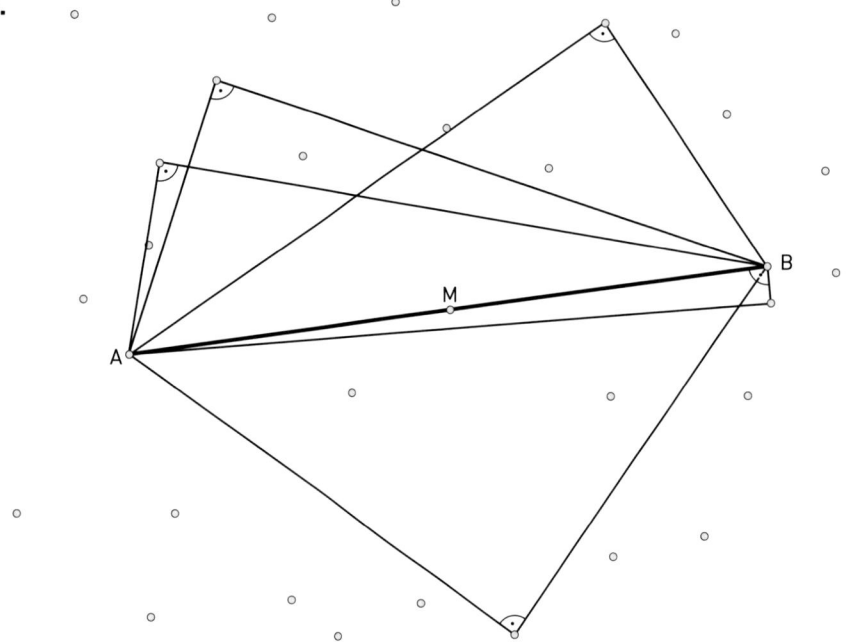

Damit ein rechtwinkliges Dreieck entsteht, müssen die Punkte auf dem Kreis durch die Punkte A und B mit dem Mittelpunkt M liegen.

3.8 Konstruktion von Dreiecken aus Teildreiecken

19. a)

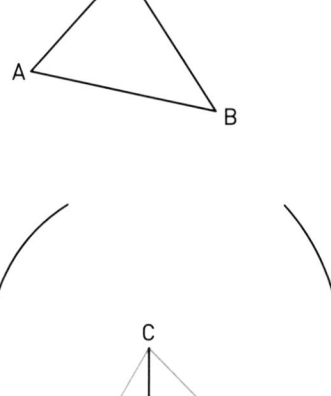

b)

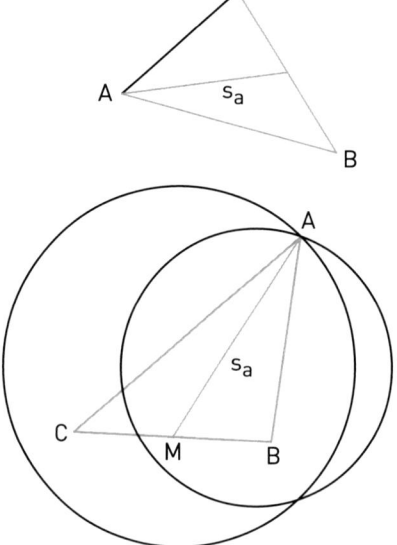

4.1 Funktionen als eindeutige Zuordnungen

13

1. **a)** Diagramm (2)

2. Graph A, der Graph mit jeder „Schwingung" ansteigt. An den Hochpunkten ist die Schaukel am höchsten Punkt, an den Tiefpunkten befindet sich die Schaukel im Normalzustand.

3. Graph (3), denn der Wasserspiegel steigt wegen des spitz nach unten zulaufenden Glases zunächst sehr schnell und steigt dann gleichmäßig an.

14

4. **a)** Zu Beginn sitzt Marie unten, d. h. die Füße befinden sich auf dem Boden. Dann wippen beide so, dass sich die Füße abwechselnd hoch und wieder hinunter bewegen.

b)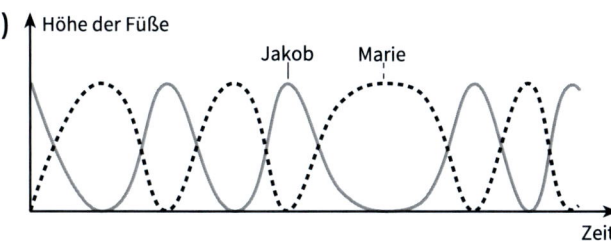

5. 20 000 Besucher, wenn 4 Besucher auf einem Quadratmeter stehen.

6. **a)** 21:00 Uhr   **b)** 15 min   **c)** 22:00 Uhr

7.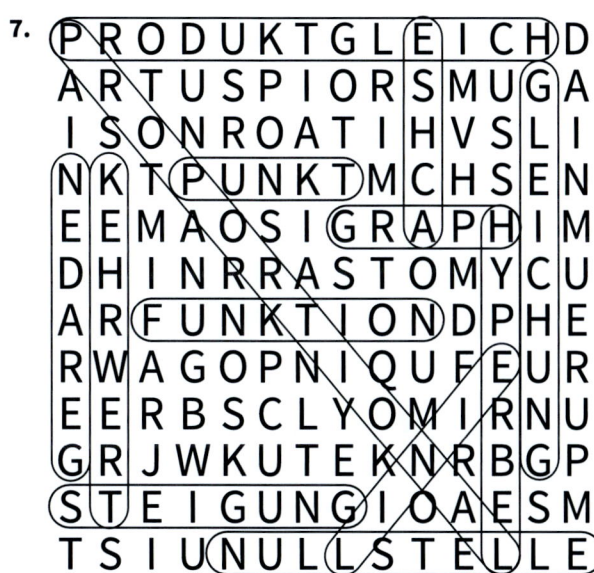

15

8. **(1)** Funktion, Definitionsmenge $\mathbb{Q}$ **(4)** Funktion, Definitionsmenge $\mathbb{Q}$

(2) Funktion, Definitionsmenge $\mathbb{Q}$ **(5)** Funktion, Definitionsmenge $\mathbb{Q}$

(3) Keine Funktion   **(6)** Keine Funktion

46   **9. a)** $f(x) = 0,5x + 3$ **b)** $g(x) = -x^2 + 5$ **c)** $h(x) = |x - 2|$

x	−5	−4	−3	−2	−1	0	1	2	3	4	5	6
f(x)	0,5	1	1,5	2	2,5	3	3,5	4	4,5	5	5,5	6
g(x)	−20	−11	−4	1	4	5	4	1	−4	−11	−20	−31
h(x)	7	6	5	4	3	2	1	0	1	2	3	4

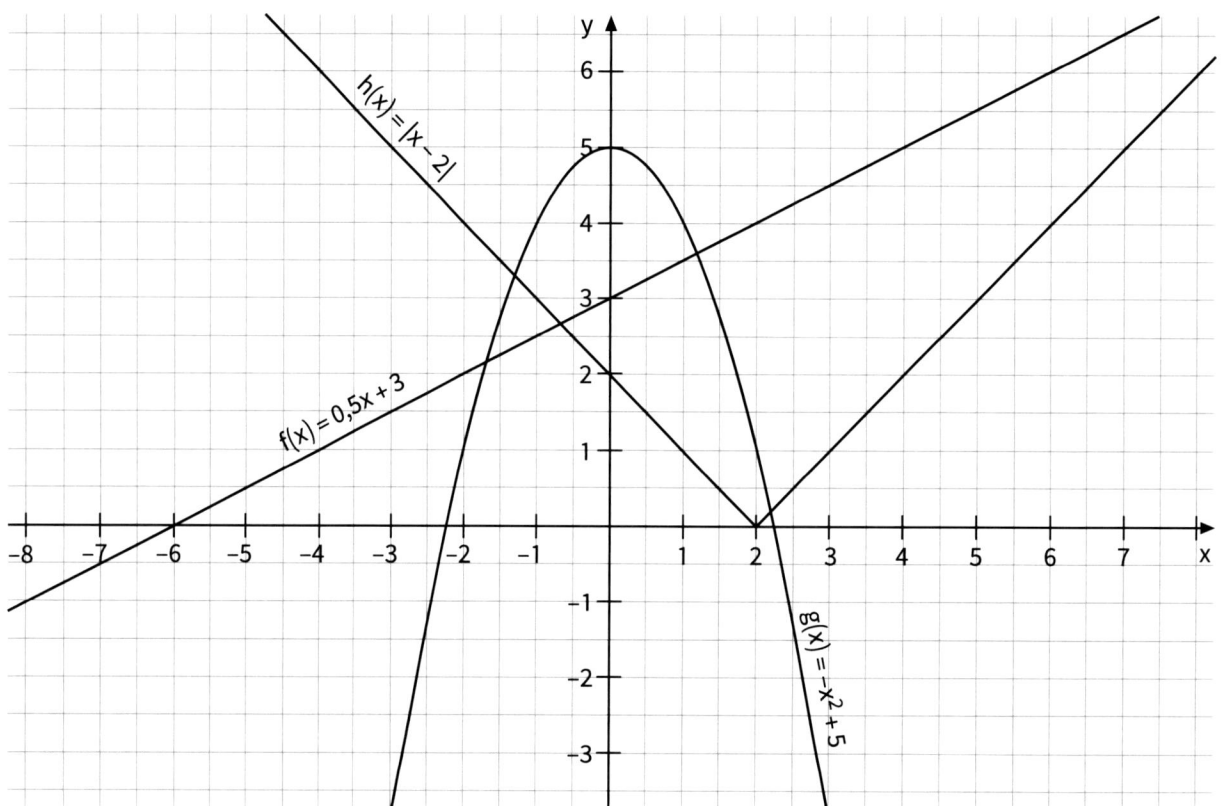

10. Funktionsvorschrift:

(3) $f(x) = \left| 1 - \frac{1}{2}x \right|$

P (0 | 1)

Q (2 | 0)

Funktionsvorschrift:

(2) $f(x) = \frac{1}{2}x\,(x + 2)$

P (−2 | 0)

Q (0 | 0)

Funktionsvorschrift:

(1) $f(x) = \frac{1}{2x} + 1$

P (−0,5 | 0)

Q (1 | 1,5)

4.2 Proportionale Funktionen

4.2.1 Graph proportionaler Funktionen

·7

11. **(1)** $y = x$ **(2)** $y = 2{,}5x$ **(3)** $y = -x$ **(4)** $y = \frac{1}{2}x$ **(5)** $y = -\frac{2}{5}x$ **(6)** $y = -2x$

(1)

x	−2	0	1	2
y	−2	0	1	2

(2)

x	−2	0	1	2
y	−5	0	2,5	5

(3)

x	−2	0	1	2
y	2	0	−1	−2

(4)

x	−2	0	1	2
y	−1	0	0,5	1

(5)

x	−2	0	1	2
y	$\frac{4}{5}$	0	$-\frac{2}{5}$	$-\frac{4}{5}$

(6)

x	−2	0	1	2
y	4	0	−2	−4

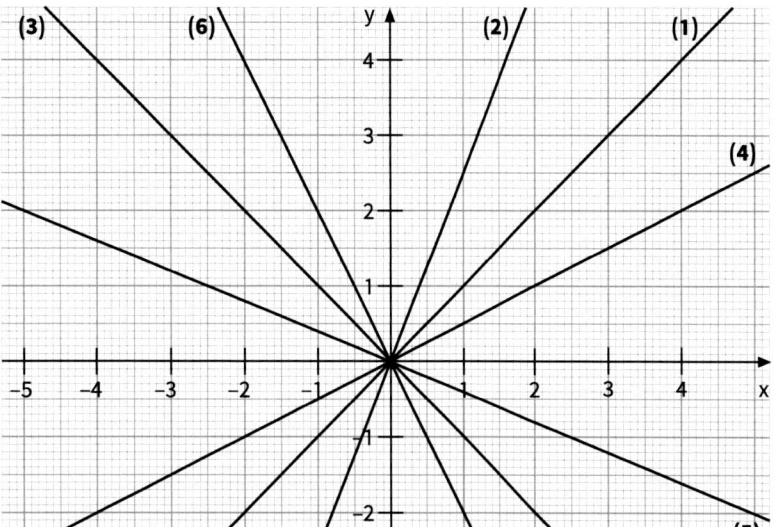

12. (1) Anna zeichnet die Punkte in ein Koordinatensystem und prüft, ob alle Punkte durch eine Gerade verbunden werden können.

(2) Lara meint: „Aus den Koordinaten von P und Q bestimme ich die Gleichung für die Funktion und prüfe dann, ob die Punkte R und S die Gleichung der Funktion ebenfalls erfüllen."

(3) Jonas überträgt die Werte in eine Tabelle und berechnet den Quotienten für jedes Wertepaar.

4.2.2 Steigung – Steigungsdreieck

8

13.

Waagrechte Entfernung (in m)	Gewonnene Höhe (in m)
50	50 m · 0,17 = 8,50 m
20	20 m · 0,17 = 3,40 m
10	10 m · 0,17 = 1,70 m
30	30 m · 0,17 = 5,10 m

14. a) Steigung: $\frac{1}{2}$

Gleichung: $f(x) = \frac{1}{2}x$

b) Steigung: $-\frac{2}{3}$

Gleichung: $f(x) = -\frac{2}{3}x$

c) Steigung: $-\frac{3}{2}$

Gleichung: $f(x) = -\frac{3}{2}x$

d) Steigung: $\frac{4}{5}$

Gleichung: $f(x) = \frac{4}{5}x$

4.3   Lineare Funktionen und ihre Graphen

49   **15.**

x	−3	−1,5	0	1	4	5
y	0,5	1,25	2	2,5	4	4,5

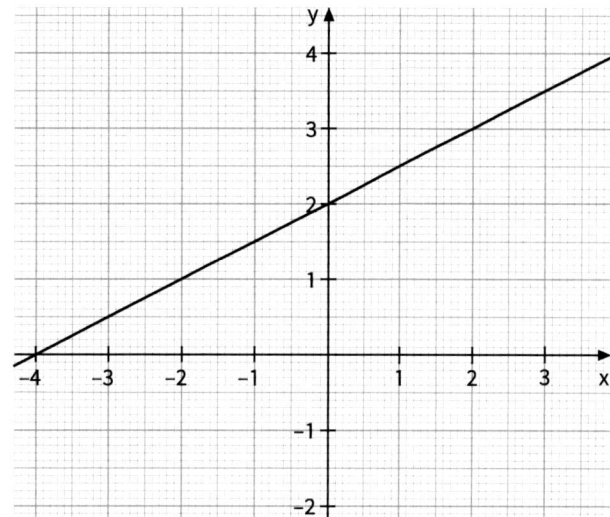

16.

x	−1	−0,5	0	0,5	1	2	3
y	−5	−4	−3	−2	−1	1	3

Funktionsgleichung: $f(x) = 2x - 3$

17. Funktionsgleichung: $f(x) = 1 - 3x$

50   **18.a)** $y = \frac{2}{3}x - 1$ **b)** $y = -0{,}4x + 2$ **c)** $y = 5x - 1\frac{1}{2}$ **d)** $y = 3$ **e)** $y = -2x$

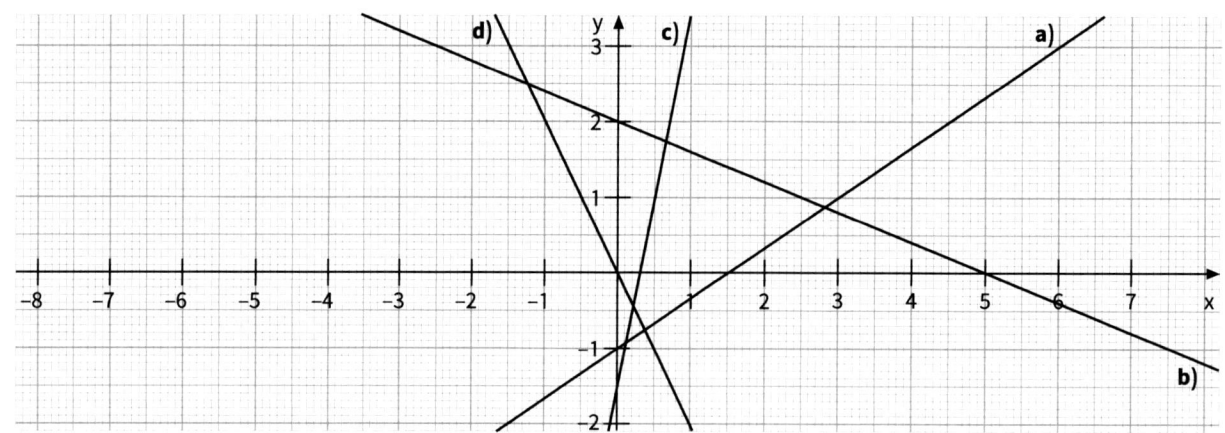

19. **(1)** $y = -\frac{1}{2}x$ **(3)** $y = -2{,}5$ **(5)** $y = -3x + 2$

　　　(2) $y = \frac{1}{4}x + 2$ **(4)** $y = x$ **(6)** $y = \frac{1}{4}x$

1 **20.a)**

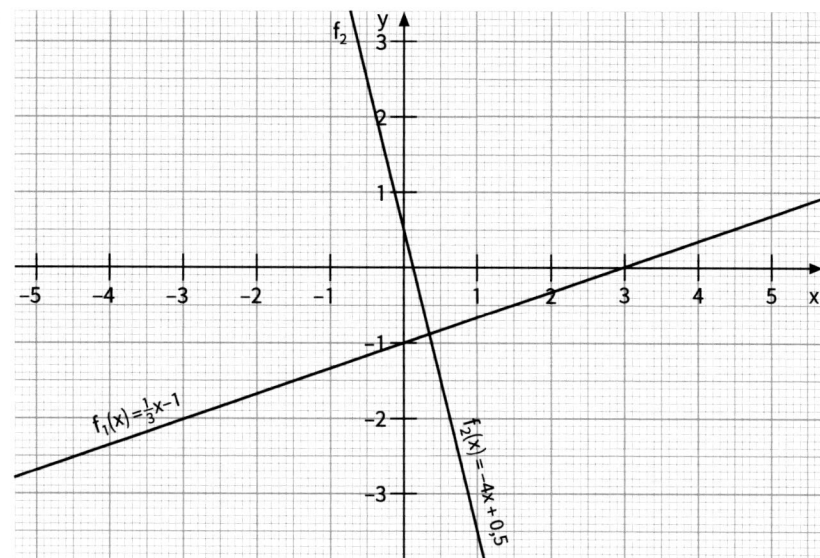

b) $f_1(-3) = -2$

$f_2(-1,5) = 6,5$

$f_1(1,5) = -0,5$

$f_2(0,5) = -1,5$

$f_1(4) = \frac{1}{3}$

$f_1(x) = -\frac{2}{3}$ gilt für $x = 1$

$f_1(x) = \frac{2}{3}$ gilt für $x = 5$

$f_2(x) = -\frac{2}{3}$ gilt für $x = \frac{7}{24}$

$f_2(x) = 2,5$ gilt für $x = -0,5$

c) $f_1(-345) = -116$ $\qquad$ $f_1(16,35) = 4,45$ $\qquad$ $f_1(1065) = 354$ $\qquad$ $f_1\left(5\frac{5}{6}\right) = \frac{17}{18} = 0,9\overline{4}$

$f_2(-147,98) = 592,42$ $\qquad$ $f_2(-7,932) = 32,228$ $\qquad$ $f_2(1,45) = -5,3$ $\qquad$ $f_2(777,2) = -3108,3$

d) P_1 liegt auf f_1; P_2 und P_3 liegen weder auf f_1 noch f_2.

e)

	Steigung	y-Achsen-abschnitt	steigend/fallend	Schnittpunkte mit den Achsen
Funktion f_1	$\frac{1}{3}$	-1	steigend	$S_x(3\,\vert\,0)$; $S_y(0\,\vert\,-1)$
Funktion f_2	-4	$0,5$	fallend	$S_x\left(\frac{1}{8}\,\vert\,0\right)$; $S_y(0\,\vert\,0,5)$

f) **(1)** $S\left(\frac{9}{26}\,\vert\,-\frac{23}{26}\right)$ $\qquad$ **(2)** Grundseite: 1,5 cm; Höhe: $\frac{9}{26}$ cm; $A = \frac{1}{2} \cdot 1,5$ cm $\cdot \frac{9}{26} \approx 0,26$ cm² $\qquad$ **(3)** 85,6°

4.4 Nullstellen linearer Funktionen – Lösen linearer Gleichungen

2 **21.a)** $\left(\frac{2}{3}\,\vert\,0\right)$ $\qquad$ **b)** $(-4\,\vert\,0)$ $\qquad$ **c)** $\left(\frac{3}{2}\,\vert\,0\right)$ $\qquad$ **d)** $(0\,\vert\,0)$

22. z. B. $f(x) = x + 2$; $f(x) = 0,5x + 1$

4.5 Geraden durch Punkte

4.5.1 Geraden durch zwei Punkte

53   **23.a)**

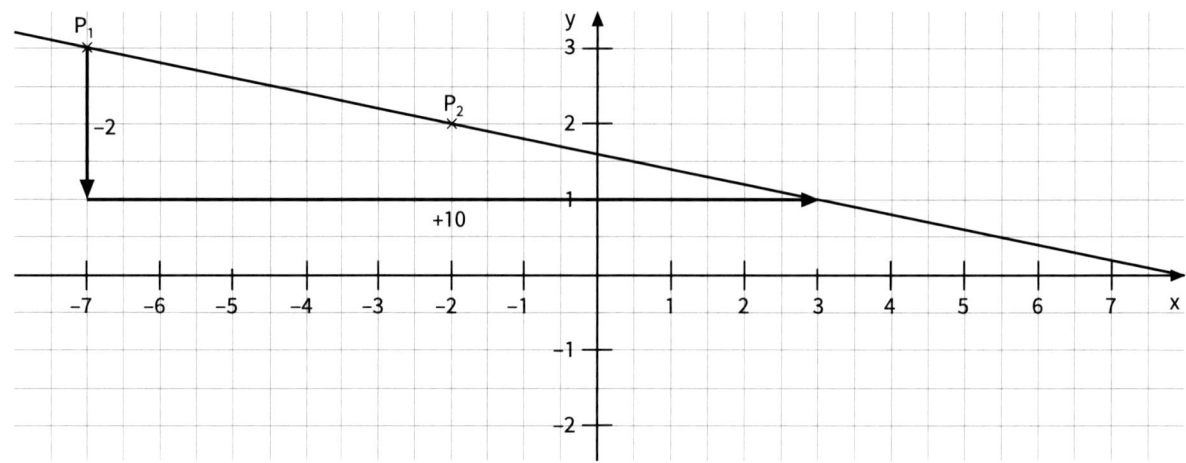

b) $m = -\frac{1}{5}$ **c)** $b = 2 - 2 \cdot \frac{1}{5} = 1{,}6$ **d)** $y = -\frac{1}{5}x + 1{,}6$

24.a) $y = \frac{1}{10}x + 2{,}5$ **b)** $y = -\frac{3}{2}x + 95$

4.5.2 Gerade durch Punktwolken

54   **25.a)**

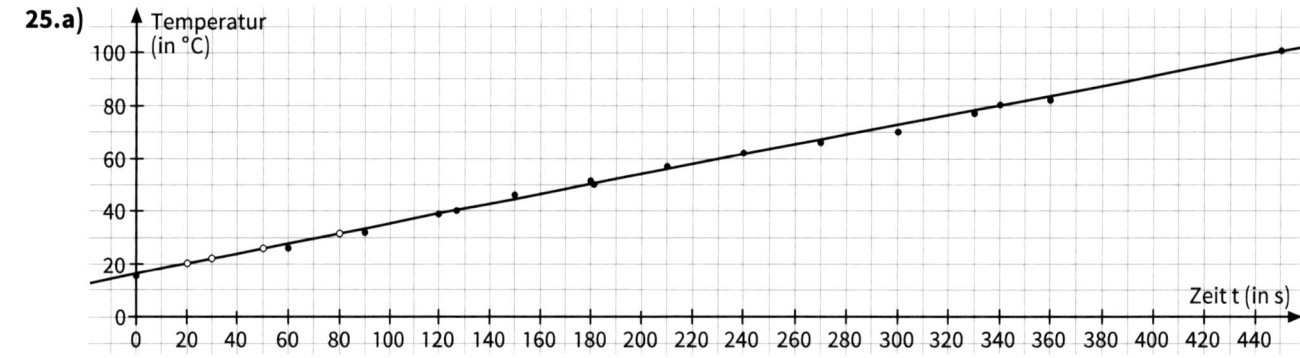

Die Messwerte beschreiben keine lineare Funktion. Am besten würde eine Funktion $f(x) = 0{,}19x + 16{,}38$ die Versuchsergebnisse darstellen.

b) nach etwa 20 Sekunden; 127 Sekunden; 180 Sekunden; 340 Sekunden

c) Da Wasser bei 100 °C siedet, nach etwa 440 Sekunden

4.6 Vermischte Übungen

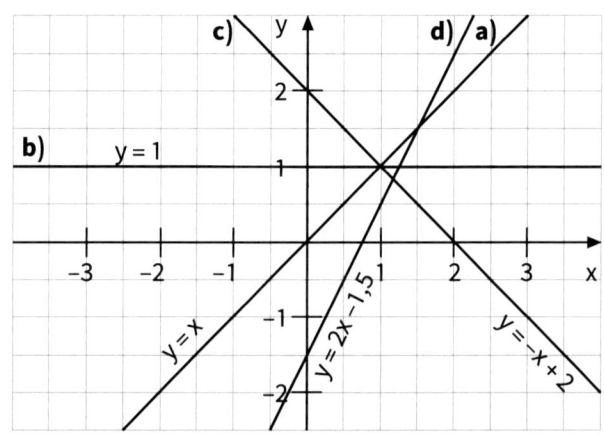

55   **26.a)** $y = x$ **c)** $y = -x + 2$

     b) $y = 1$ **d)** $y = 2x - 1{,}5$

27.a) Der Graph wird parallel nach oben (bei Erhöhung von b) bzw. parallel nach unten (bei Verminderung von b) im Vergleich zum ursprünglichen Graphen verschoben.

b) Die Steigung steigt (bei Erhöhung von m) bzw. sinkt (bei Verminderung von m) im Vergleich zum ursprünglichen Graphen.

6

28. $m = \frac{4-(-2)}{1-(-3)} = \frac{6}{4} = \frac{3}{2}$

Da $y = mx + b$ gilt, Einsetzen von Q:

$4 = \frac{3}{2} \cdot 1 + b$

$b = 2,5$

Also ist $y = \frac{3}{2}x + 2,5$

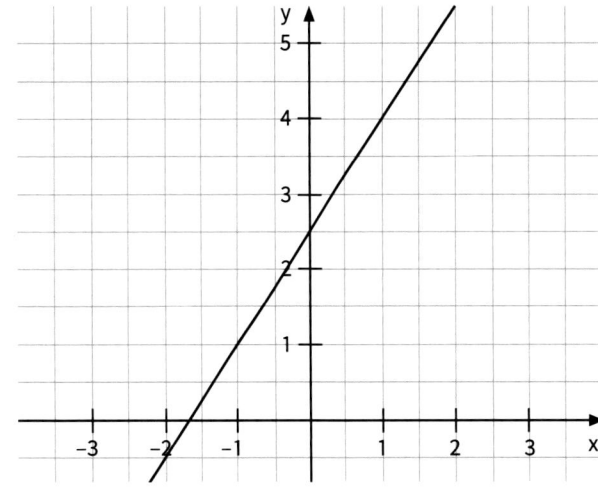

4.7 Antiproportionale Funktionen

29.a) $f(x) = \frac{1}{x}$ **b)** $f(x) = \frac{2}{x}$ **c)** $f(x) = -\frac{0,5}{x}$

Bist du kompetent im Umgang mit Funktionen
Graph, Tabelle und Gleichung?

7

30.

| 2 | 3 | 7 |16|20| | | | | 4 | 9 |10|15|18|19|21| | | 1 | 5 | 8 |11|12|13|14|17| | 6 |22| | | | | |

keine Funktion (48)   *Funktion, nicht linear (96)*   *Funktion, linear, nicht proportional (81)*   *Funktion, proportional (28)*

31.a)

	Funktionsgleichung	Steigung	y-Achsen-Abschnitt	Punkte auf dem Graphen	
(1)	$y = -2x + 3$	-2	3	A(−1 |.....5.......)	B(.....2.........|−1)
(2)	$y = 0,5x + 2,5$	0,5	2,5	A(1|3)	B(2|....3,5....)
(3)	$y = \frac{3}{4}x$ ....−1.........	$\frac{3}{4}$	−1	A(0|.....−1....)	B(.....$\frac{4}{3}$.........|0)
(4)	$y = -x + 1$	-1	1	A(−3|4)	B(2|−1)
(5)	$y = \frac{3}{2}x + \frac{1}{2}$	1,5	0,5	A(1|....2.........)	B(.....$-\frac{1}{3}$.........|0)

b)

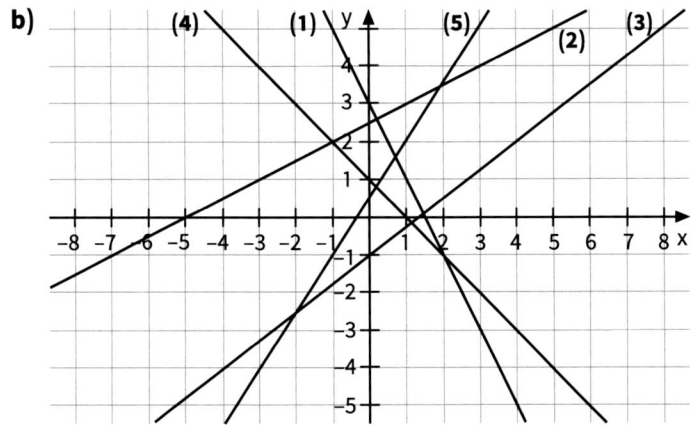

5.1 Umfang eines Kreises

58 **1.**

Umfang	A	B	C	D
geschätzt	u ≈ 21 cm	u ≈ 30 cm	u ≈ 18 cm	u ≈ 12 cm
gemessen	u = 22 cm	u = 31 cm	u = 19 cm	u = 13 cm
berechnet	r = 3,5 cm	r = 5 cm	r = 3 cm	r = 2 cm
	u ≈ 21,99 cm	u ≈ 31,42 cm	u ≈ 18,85 cm	u ≈ 12,57 cm

59 **2. a)** Man dreht das Vorderrad so, dass sich z. B. das Ventil ganz unten befindet. Nun legt man ein Maßband beim Ventil beginnend an und fährt mit dem Rad so weit, bis das Ventil wieder an der gleichen Stelle wie vorher ist. Diese Strecke wird dann mit dem Maßband abgemessen.

b)

Fahrradtyp	Durchmesser		des Rades bei einer Reifendicke von ca. 4 cm (in Meter)	Radumfang (in Meter)
	der Felge			
	(in Zoll)	(in Meter)		
Kinderrad	20	0,508	0,548	ca. 1,7
Jugendrad	24	0,6096	0,6496	ca. 2
Mountainbike	ca. 26	0,66	0,7	ca. 2,2
Tourenrad	ca. 29,5	0,75	0,79	ca. 2,5

c) [X] Der angezeigte Wert ist zu groß.

[ ] Der angezeigte Wert ändert sich kaum, weil der Einfluss zu gering ist.

[ ] Das Profil spielt keine Rolle.

[ ] Der angezeigte Wert ist zu klein.

d) $u_1 = 0,74 \text{ m} \cdot \pi \approx 2,3 \text{ m}$ $u_2 = 0,69 \text{ m} \cdot \pi \approx 2,2 \text{ m}$

5.2 Flächeninhalt eines Kreises

60 **3.**

Flächeninhalt	A	B	C	D
geschätzt	27 cm²	7 cm²	3 cm²	12 cm²
berechnet	r = 3 cm	r = 1,5 cm	r = 1 cm	r = 2 cm
	A ≈ 28,27 cm²	A ≈ 7,07 cm²	A ≈ 3,14 cm²	A ≈ 12,57 cm²

0 **4.**

		w	f
a)	Halbiert man den Durchmesser eines Kreises, so halbiert sich auch sein Radius.	X	
b)	Vergrößert man den Radius eines Kreises, so vergrößert sich auch der Flächeninhalt.	X	
c)	Verdoppelt man den Radius eines Kreises, so verdoppelt sich der Flächeninhalt.		X
d)	Vergrößert man den Umfang eines Kreises, so vergrößert sich auch der Flächeninhalt.	X	
e)	Verdoppelt man den Umfang eines Kreises, so verdoppelt sich der Flächeninhalt.		X

5.3 Kreisausschnitt und Kreisbogen

5.

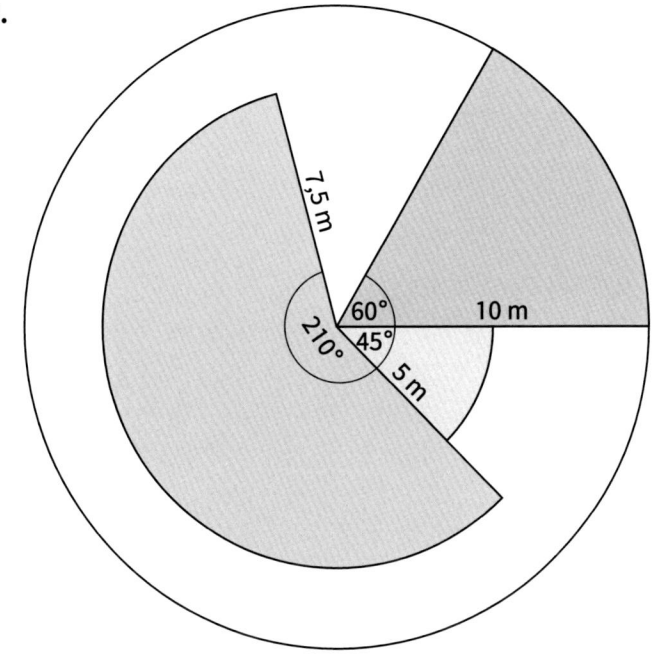

(1) $A = \frac{1}{4} \cdot (10\ m)^2 \cdot \pi = 25\pi\ m^2 \approx 78{,}54\ m^2$

(2) $A = \frac{1}{8} \cdot (5\ m)^2 \cdot \pi \approx 9{,}82\ m^2$

(3) $A = \frac{210}{360} \cdot (7{,}5\ m)^2 \cdot \pi \approx 103{,}08\ m^2$

5.4 Zylinder – Netz und Oberflächeninhalt

61   **6.** Vervollständige jeweils zum Netz eines Zylinders.

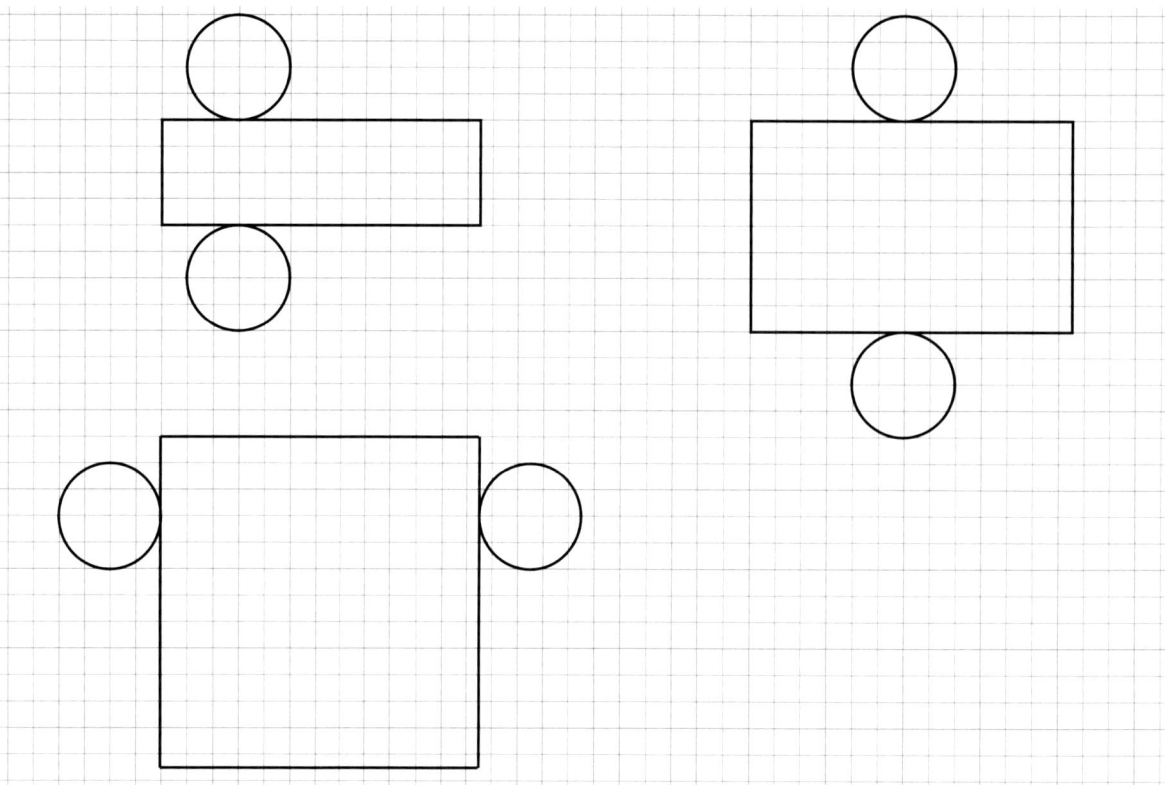

7. a) Es ist G = π · r²; M = 2 · π · r · h

| G ≈ 12,57 cm | G ≈ 28,27 cm | G ≈ 12,57 cm | G ≈ 50,26 cm | G ≈ 28,27 cm | G ≈ 28,27 cm |

| M ≈ 50,27 cm | M ≈ 18,85 cm | M ≈ 75,40 cm | M ≈ 50,27 cm | M ≈ 113,10 cm | M ≈ 94,25 cm |

| O ≈ 75,34 cm | O ≈ 75,39 cm | O ≈ 100,54 cm | O ≈ 150,79 cm | O ≈ 169,64 cm | O ≈ 150,79 cm |

b) Ist der Radius gleich groß, so ist der Grundflächeninhalt auch gleich groß.
Ist das Produkt aus Radius und Höhe gleich groß, so ist der Mantelflächeninhalt auch gleich groß.

62   **8.** Man erhält ein Quadrat in dessen Eckpunkten die Streifen aneinander geklebt sind.

5.5 Schrägbild des Zylinders

9. a)

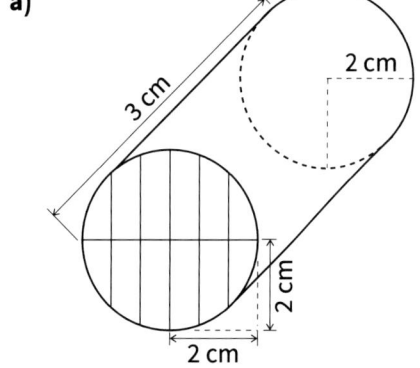

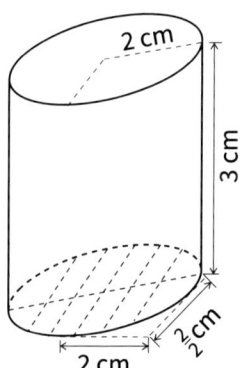

b)

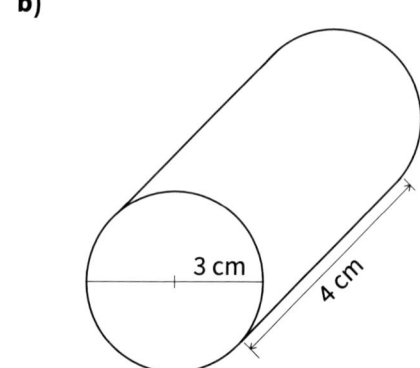

5.6 Volumen des Zylinders

2 **10. a)** -

b) Ein DIN-A4-Blatt hat die Abmessuungen 21 cm x 29,7 cm; ein DIN-A5-Blatt 14,85 cm x 21 cm. Für die Zylinder Z_1 und Z_2 gilt also:

$u_1 = 14,85$ cm, also $r_1 = u_1 : (2\pi) \approx 2,36$ cm; $h_1 = 21$ cm

$u_2 = 21$ cm, also $r_2 = u_2 : (2\pi) \approx 3,34$ cm; $h_2 = 14,85$ cm

Damit erhält man:

$V_1 = \pi r_1^2 \cdot h \approx 367,45$ cm³ und $V_2 = \pi r_2^2 \cdot h \approx 520,43$ cm³

Das Volumen des niedrigen Zylinders ist größer.

c) -

3 **11.** 1. 108 cm;   2. 88 cm²;   3. 1,75 m;   4. 177 cm; 1237 cm³; 683 cm²;   5. größer als 8 cm

12. a) Das Handy passt etwa zweimal in den Durchmesser der Trommel. Der Durchmesser beträgt also etwa 30 cm, also ungefähr 12 Zoll. Damit handelt es sich bei der Trommel um die Bauart Tom Tom.

b) Ergänze fehlende Werte für eine kleine Trommel.

Durchmesser	Höhe	Volumen	Fläche des Spannfelles
14 Zoll	20 cm	19 862,9 cm³	993,15 cm²
14,1 Zoll	2,5 dm	25 184,6 cm³	1013 cm²
15 Zoll	1,8 dm	20,5 l	1140 cm²

5.7 Berechnungen an zusammengesetzten Körpern

4 **13. a)** -

b)

Volumen	$5\pi a^3$	$(2\pi + 12)a^3$	$(24 - 2\pi)a^3$	$3\pi a^3$	$(16 - \pi)a^3$	$(20 - \pi)a^3$
Körper	B	F	D	A	C	E

c) -

d) Zum Beispiel:
πa^2: Figur A; Figur B; Figur D $2a^2$: Figur C; Figur D; Figur E
$2\pi a^2$: Figur A; Figur B $4a^2$: Figur C; Figur D; Figur E
$3\pi a^2$: Figur B; Figur C $6a^2$: Figur E; Figur F
$4\pi a^2$: Figur A; Figur B; Figur F

e)

Oberflächeninhalt	$(36 + \pi)a^2$	$14\pi a^2$	$(32 + 2\pi)a^2$	$12\pi a^2$	$64a^2$	$(24 + 6\pi)a^2$
Körper	C	B	D	A	E	F